デザイン工学の世界

SHIBAURA INSTITUTE OF TECHNOLOGY
College of Engineering and Design

芝浦工業大学 デザイン工学部 編

三樹書房

巻頭言

芝浦工業大学学長　柘植綾夫

　皆さんはこれから「デザイン工学」を学ぶスタート点にいます。キーワードの「工学」とは何か？「デザイン」とは何か？　本書はこの二つのキーワードを俯瞰的に理解し、細分化された各専門課程と社会とのかかわりについて認識を深めることを目的とします。

　工学を含む科学技術は「人類が共有する知識と技術の体系であり、新たな知識の発見や技術の開発によって豊かな生活と公共の福祉の増進に寄与するとともに、地球環境と人類社会の調和ある発展に貢献する」ことを目的とします。工学は技術を介して、この科学技術の目的を実現する実学としての学問といえるでしょう。

　21世紀の今、科学技術の発展の成果は私たちの生活、社会そして世界に深く浸透し、その光と影に対する理解と判断力そして行動力が、私たち21世紀の自由市民が持つべき教養です。これを伝統的なリベラルアーツ（一般教養）に対して科学技術リベラルアーツ、あるいは工学リベラルアーツと呼びます。

　工学を深くかつ幅広く学び、社会と世界に貢献するミッションを持つ私たちは、この工学リベラルアーツを身につけることが大切です。

　工学の「工（エンジニアリング）」の字は、芝浦工業大学のロゴに意匠化されているように、第一画の横の一は「天」を表し、第三画の横の一は「地」を表し、それを結ぶ第二画の縦の一は「人間」を表します。

　まさに工学とは「天と地の空間を豊かに、平和に、そして持続可能なものにする人間の知識と知恵の体系的な学問」といえるでしょう。

　そして「デザイン」とは、「人生と生活、社会、産業そして世界と地球、さらには宇宙のあるべき姿を探究し、実現する人間の営み」といえるでしょう。

　これからデザイン工学を学ぶ皆さんは以上の視野を持ち、芝浦工業大学の教育の理念である「社会と世界に学び、貢献する技術者・研究者の育成」に参加してください。本書がその「道しるべ」になることを期待します。

CONTENTS

巻頭言 ・・・・・・・・・・・・・・・・・・・・・・・・・・・・・・ 1

1章
私たちの社会・産業とデザイン ・・・・・・・・・ 7

1-1 デザインとは、デザイン工学とは ・・・・・・・・・・・ 9
Keyword 1 デザインの意味 ・・・・・・・・・・・・・・・ 10
Keyword 2 デザインの対象 ・・・・・・・・・・・・・・・ 12
Keyword 3 デザイン工学 ・・・・・・・・・・・・・・・・ 14
Keyword 4 製品づくりのプロセス ・・・・・・・・・・・ 16
Keyword 5 製品づくりの目標設定 ・・・・・・・・・・・ 18
Keyword 6 人間の欲求とデザイン ・・・・・・・・・・・ 20
自習のポイント ・・・・・・・・・・・・・・ 22

1-2 建築・空間デザインの歴史と近代化 ・・・・・・・ 23
Keyword 1 木造の建築と都市 ・・・・・・・・・・・・・ 24
Keyword 2 西洋の建築と都市 ・・・・・・・・・・・・・ 26
Keyword 3 近代建築の誕生 ・・・・・・・・・・・・・・ 28
Keyword 4 近代都市計画 ・・・・・・・・・・・・・・・ 30
Keyword 5 江戸から東京へ ・・・・・・・・・・・・・・ 32
Keyword 6 日本の近代建築 ・・・・・・・・・・・・・・ 34
Keyword 7 戦災復興と高度成長 ・・・・・・・・・・・・ 36
Keyword 8 ポストモダニズム ・・・・・・・・・・・・・ 38
自習のポイント ・・・・・・・・・・・・・・ 40

1-3 プロダクトデザインの歴史と近代化 ・・・・・・・・・41
Keyword 1 手作りの時代 ・・・・・・・・・・・・・・・ 42
Keyword 2 産業革命・量産と分業 ・・・・・・・・・・・ 44
Keyword 3 アーツ・アンド・クラフトからドイツ工作連盟 ・・ 46
Keyword 4 バウハウスからウルム造形大学 ・・・・・・・ 48

Keyword 5	**アメリカのデザイン**	・・・・・・・・・・・・・・・ 50
Keyword 6	**近代日本のデザイン**	・・・・・・・・・・・・ 52
Keyword 7	**情報革命とデザイン**	・・・・・・・・・・・・ 54
	自習のポイント	・・・・・・・・・・・・・・・・・・・・ 56

2章
様々なデザイン分野 ・・・・・・・・・ 57

2-1 現代の建築・空間デザイン ・・・・・・・・・ 59

Keyword 1	**身体感覚**	・・・・・・・・・・・・・・・・・・ 60
Keyword 2	**仮想空間**	・・・・・・・・・・・・・・・・・・ 62
Keyword 3	**空間図式**	・・・・・・・・・・・・・・・・・・ 64
Keyword 4	**構造形態**	・・・・・・・・・・・・・・・・・・ 66
Keyword 5	**素材表現**	・・・・・・・・・・・・・・・・・・ 68
Keyword 6	**景観創出**	・・・・・・・・・・・・・・・・・・ 70
	自習のポイント	・・・・・・・・・・・・・・・・ 72

2-2 現在のプロダクトデザイン ・・・・・・・・・ 73

Keyword 1	**生活用具のデザイン**	・・・・・・・・・・・ 74
Keyword 2	**移動機器デザイン**	・・・・・・・・・・・・ 76
Keyword 3	**自動車のデザイン**	・・・・・・・・・・・・ 78
Keyword 4	**生活家電デザイン**	・・・・・・・・・・・・ 80
Keyword 5	**AV 機器デザイン**	・・・・・・・・・・・・ 82
Keyword 6	**情報機器デザイン**	・・・・・・・・・・・・ 84
Keyword 7	**住宅設備機器デザイン**	・・・・・・・・・・ 86
Keyword 8	**生産加工・産業機器のデザイン**	・・・・・・・・ 88
	自習のポイント	・・・・・・・・・・・・・・・・ 90

2-3 現代のエンジニアリングデザイン（メカトロ・組込み）91

2-3-1 ロボットのデザイン

Keyword *1*	ロボットのいる生活	・・・・・・・・・・・・・	92
Keyword *2*	ロボットの機能と仕組み	・・・・・・・・・・・	94

2-3-2　IT 機器のデザイン

Keyword *3*	IT 機器のデザイン	・・・・・・・・・・・・・	96
Keyword *4*	IT 機器の機能と仕組み	・・・・・・・・・・	98

2-3-3　サービスのデザイン

Keyword *5*	役に立つサービス	・・・・・・・・・・・・・・	100
Keyword *6*	使いやすいサービス	・・・・・・・・・・	102
	自習のポイント	・・・・・・・・・・・・・・・	104

3章

デザインを製品化する
エンジニアリング（デザイン工学） ・・・・・・・・ 105

3-1　デザインを支える設計技術 ・・・・・・・・・・・・・・ 107

3-1-1　メカトロ機器とコントローラの設計技術

Keyword *1*	メカトロニクス	・・・・・・・・・・・・・・・	108
Keyword *2*	マイクロコンピュータ	・・・・・・・・・・・・	110
Keyword *3*	アクチュエータとドライブ技術	・・・・・・・・	112
Keyword *4*	センサの働き	・・・・・・・・・・・・・・・	114

3-1-2　ハードウェア設計技術

Keyword *5*	モーションコントロール	・・・・・・・・・・・	116
Keyword *6*	ロボットシステムの設計技術	・・・・・・・・	118

3-1-3　ソフトウェア設計技術

Keyword *7*	システムのシナリオ	・・・・・・・・・・・・	120
Keyword *8*	ソフトウェアのモデリング	・・・・・・・・・	122
Keyword *9*	プログラミング	・・・・・・・・・・・・・	124
	自習のポイント	・・・・・・・・・・・・・・	126

3-2 デザインを支える製造技術 · · · · · · · · · · · · · · 127

3-2-1 製品づくりの基本：金型
Keyword 1 金型と製品 · · · · · · · · · · · · · · · · · · · 128
Keyword 2 プレス金型 · · · · · · · · · · · · · · · · · · · 130
Keyword 3 射出成形金型 · · · · · · · · · · · · · · · · · 132
Keyword 4 金型の CAD/CAM · · · · · · · · · · · · · 134
Keyword 5 CAE · 136
Keyword 6 計測 · 138
Keyword 7 形をつくる切削加工 · · · · · · · · · · · · 140
Keyword 8 形をつくる放電加工 · · · · · · · · · · · · 142

3-2-2 製造の自動化
Keyword 9 組み立て作業の自動化 · · · · · · · · · · 144
Keyword 10 産業用ロボット · · · · · · · · · · · · · · · 146
自習のポイント · · · · · · · · · · · · · · · · 148

4章
デザイン工学が切り拓く社会と産業 · · 149

4-1 建築・空間デザイン · · · · · · · · · · · · · · · · 151
Keyword 1 コンパクトシティ · · · · · · · · · · · · · 152
Keyword 2 アルゴリズミック・デザイン · · · · · · 154
Keyword 3 モビリティのデザイン · · · · · · · · · · 156
Keyword 4 保全型景観デザイン · · · · · · · · · · · · 158
Keyword 5 環境建築 · 160
Keyword 6 都市の再生 · · · · · · · · · · · · · · · · · · 162
Keyword 7 リノベーション · · · · · · · · · · · · · · · 164
自習のポイント · · · · · · · · · · · · · · · · 166

4-2 プロダクトデザイン · · · · · · · · · · · · · · · · 167
Keyword 1 ユニバーサルデザイン · · · · · · · · · · 168

Keyword 2	感性デザイン	170
Keyword 3	エコロジーとデザイン	172
Keyword 4	ユーザーインターフェースデザイン	174
Keyword 5	近年の様々なデザインの取り組み	176
	自習のポイント	178

4-3 エンジニアリングデザイン 179

Keyword 1	ホームロボットサービス	180
Keyword 2	ハードウェア・ソフトウェアコデザイン	182
Keyword 3	ユビキタスコンピューティング	184
Keyword 4	リチウム電池	186
Keyword 5	光学素子	188
Keyword 6	形をつくる積層造形	190
Keyword 7	軽くて強い CFRP	192
	自習のポイント	194

5章
これからのデザインエンジニアに 期待すること 195

Keyword 1	社会が求める技術者像	196
Keyword 2	デザイン能力の育成	198
Keyword 3	内部機能と外部機能の融合	200
Keyword 4	T 形人材を目指す	204
Keyword 5	デザインエンジニアの進路	208

おわりに 210

無断での複写・複製を禁じます。

1章 私たちの社会・産業とデザイン

　私たちの生活の中には、ありとあらゆる所にデザインがあふれており、建築、自動車、家電、携帯電話、家具などのデザインには必ず制作者の意図が込められています。つまり、全てのモノに意味のあるデザインが存在しているのです。「いったいデザインとは何か？」について、その目的、プロセス、手法について学びます。また、建築・空間デザインおよびプロダクトデザインの歴史を知る中から、「デザインの世界」を広くとらえることにしましょう。

4章
デザイン工学が切り拓く
社会と産業

2章
様々な
デザイン分野

3章
デザインを製品化する
エンジニアリング

1章
私たちの社会・産業と
デザイン

Keyword Index

Keyword	*1*	デザインの意味
Keyword	*2*	デザインの対象
Keyword	*3*	デザイン工学
Keyword	*4*	製品づくりのプロセス
Keyword	*5*	製品づくりの目標設定
Keyword	*6*	人間の欲求とデザイン
Keyword	*7*	木造の建築と都市
Keyword	*8*	西洋の建築と都市
Keyword	*9*	近代建築の誕生
Keyword	*10*	近代都市計画
Keyword	*11*	江戸から東京へ
Keyword	*12*	日本の近代建築
Keyword	*13*	戦災復興と高度成長
Keyword	*14*	ポストモダニズム
Keyword	*15*	手作りの時代
Keyword	*16*	産業革命・量産と分業
Keyword	*17*	アーツ・アンド・クラフトからドイツ工作連盟
Keyword	*18*	バウハウスからウルム造形大学
Keyword	*19*	アメリカのデザイン
Keyword	*20*	近代日本のデザイン
Keyword	*21*	情報革命とデザイン

1.1 デザインとは、デザイン工学とは

私たちの社会・産業とデザイン

「デザイン」という言葉を聞いてあなたは何を想像しますか？

何気なく生きている私たちの社会は、ほとんどデザインされたもので構成され、デザインされたもののおかげで、便利で穏やかな生活を営むことができています。

デザインの語源は、ラテン語のdesignareに由来し、「指示する、計画を立てる、スケッチをする」という意味があります。[1] 過去、日本ではデザインという行為は「形や色を施すこと」と位置づけられ、身の回りの衣類や工業製品、印刷物、建築など、物質的なものを対象としていました。しかし現在は、語源に近い意味で解釈され、人の行う行為をより良い形でかなえるための、計画・意図・構想・設計自体も、デザインと位置づけられています。

「様々なジャンルの良い商品を審査選定するグッドデザイン賞　2009年グッドデザインプレゼンテーション会場写真」

[1]『現代デザイン事典』美術出版社編集部編

1-1 デザインとは、デザイン工学とは (プロダクトデザイン)

Keyword 1 デザインの意味

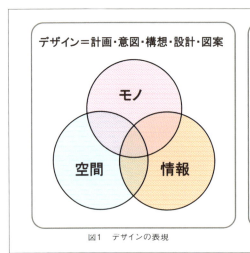

図1　デザインの表現

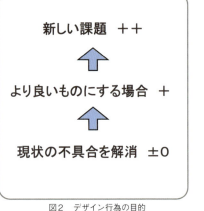

図2　デザイン行為の目的

より良くする工夫、全てがデザイン

　人が自然環境に手を加えて、より快適に過ごせたり、効率的に行えたりする工夫、全てをデザイン行為といいます。デザインを行った結果として、具体的に提供される表現としては、「モノ」、「空間」、「情報」があり、これらは単独でなく、絡み合って表現される場合が多くなっています（図1）。

　デザイン行為の目的は三つあり、一つ目は現在の不具合を解消する場合、二つ目は、現状をさらにより良いものにする場合、三つ目は、社会の変化や技術開発によって生まれた新しい課題について、より良い解決策を提供する場合があります（図2）。これらの解決策は、多くの人が共感できるものでなければならず、使ってみたい、所有したい、と思わせる魅力が必要です。デザインの意義には、実用性、操作性、審美性、経済性、安全性などがあり、十分に考えられたデザインは、人々に幸せを与え、社会や生活を豊かにします（図3）。

　製品が複雑化し、ＩＴ化が進んだ今日、デザインには、人の心理や、生理を理解した上で、ストレスのない自然な使い心地、つまり、人間中心設計が求められてきています。それに加え、地球環境が悪化した現在は、つくること、使うこと以外に、生産、修理、廃棄などの色々な段階で、有害にならないように考える必要があります。このように、デザイン行為は、課題解決の背後にある様々な物事を多面的にとらえ、総合的に解決していく必要があるため、携わる人は、多くの

私たちの社会・産業とデザイン

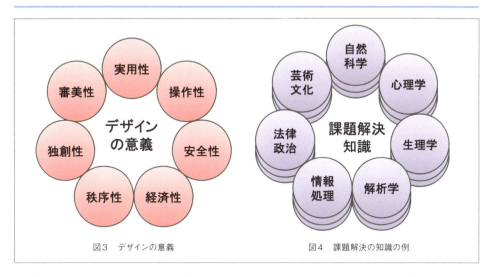

図3　デザインの意義　　　　図4　課題解決の知識の例

課題解決の知識（図4）と経験、そして何よりも、何のために何を解決するのかといった、問題意識と課題設定能力が問われます。（図4）。

　デザイン行為で表現された、「モノ」、「空間」、「情報」は、設計図やデータによって記録され、後世にその計画の趣旨や、製作方法が伝わり、再現を可能とすることが重要です。私たちの身の回りの製品、建築空間、サービスは、こうしたデザイン表現の記録によって伝達、改良を重ねて進化をし続けているのです。現在の製品には、必ずその原型が前世代に存在し、古いデザインでも、良いものは再現され、広範囲で、長く使われています。デザインをする上では、こうした様々な「モノ」、「空間」、「情報」の良いところを観察し、把握しておくことが必要となります。

　芸術とデザインは、混同されがちですが、大きな違いがあります。芸術作品は、その芸術家個人の表現の結果であり、作品を見る人に自由な解釈を容認し、再現性が、必ずしも必要ではないという点がありますが、デザインはそうでなく、複数の人々のために行い、その人たちにデザインの意図を同じように解釈をしてもらうことが必要で、かつ、平等に利用できるために複数を製作できる、再現性を必要とします。

◆ 推薦図書 ◆
田中央『現代工学の基礎2 デザイン論』岩波書店 P14～P26

1-1 デザインとは、デザイン工学とは（プロダクトデザイン）

Keyword 2 デザインの対象

図1　表現別デザイン分野

様々なデザイン分野

　デザイン対象である、「モノ」、「空間」、「情報」の中には、表現によって多くのデザイン専門分野が存在します（図1）。

　「モノ」のデザインは、人間が自然との対応の中で、生存と生活を維持・発展させるために必要とする、あらゆる道具、機械・製品のデザインを指し、プロダクト、パッケージ、クラフト、ファッションなどのデザイン分野があります。プロダクトデザインやパッケージデザインは工業製品が主で、機械による大量生産が行われています。クラフトデザイン、ファッションデザインの多くは中～少量生産なので、つくる工程では人の手仕事が多く占めます。これらのデザインは、生活の役に立ち、心を豊かにするという共通点を持ち、その目的に応じて、最も相応しい色や形や素材を施していきます。

　「空間」のデザインは、建物を含む空間のデザインを指し、建物自体を扱う建築デザインと、その中のインテリアデザイン、建築の周辺としてはエクステリアデザインがあります。また、さらに広域の空間としては都市デザインがあり、道路なども含みますので、つくられる過程においては多くの専門家との協業や法規制の認識が必要です。空間のデザインは、そこで活動する人々が、快適に過ごせることが重要であり、景観の美しさとともに、安全性や環境配慮などを、総合的に解決します。

私たちの社会・産業とデザイン 1

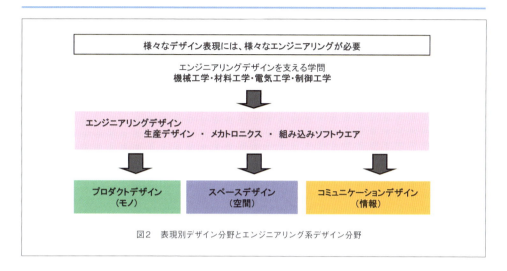

図2　表現別デザイン分野とエンジニアリング系デザイン分野

「情報」のデザインは、人と人、人と機械の情報伝達のために不可欠なもので、文字や画像、図などの表示色や配置を扱います。手に取れるものは広告、カタログ、包装などの印刷物で、代表的にはグラフィックデザインがあります。また、手に取れないものとしてはPCや携帯電話を介して使う、ソフトやコンテンツのデザインとしてwebデザインがあります。現在のIT化社会において、情報のデザインは、「モノ」、「空間」に、深い結びつきがあり、これらをうまく融合して取り組むことが必要とされてきています。

「モノ」、「空間」、「情報」のデザインを支える分野として、エンジニアリング系デザインの分野は欠かせません。一つは、工業製品や建築部品の生産のために使われる、機械や金型をつくる生産デザインです。もう一つは、ロボットや携帯電話のように、複雑な機構や電気・電子回路をつくる、組み込みソフトウエアデザインやメカトロニクスデザインです。これらのデザインには構造、材料、電気・電子、情報、制御などの様々な工学・技術知識を融合する必要があり、「モノ」、「空間」、「情報」の美しさや使い心地を、理想どおりに実現する手段として、とても重要な分野となっています（図2）。最近の複雑化した製品や建築空間には、エンジニアリング系デザイナーと、それを実体表現するデザイナーが一体となって、企画や設計をすることが必須となってきています。

1-1 デザインとは、デザイン工学とは(プロダクトデザイン)

Keyword 3 デザイン工学

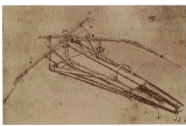

図1　レオナルド・ダ・ビンチ自画像　上左：人力オーニソプター図案　上右：ヘリコプター図案
下：遠近法を活用した絵画（最後の晩餐）

デザインを工学的に追求

　デザイン工学＝Engineering Desingとは、デザイン行為を、工学的知識を使って行うための学問のことです。先人で、デザイン工学を行った著名人の一人として、レオナルド・ダ・ビンチがあげられます。ルネッサンス時代の天才といわれ、絵画、彫刻、建築、土木など数々の技術に通じ、極めて広い分野に足跡を残しました。絵画では、奥行き感を出すために遠近法という手法を発明し、また、人間をリアルに描くために体を解剖して、理解した上で描いています。立体物では鳥を観察することでグライダーのような飛行機や、ヘリコプターを構想、設計しています。そして、これらが図案や文字や数字によって記録されていることは、重要な点といえます（図1）。

　もともと工学とは、数学や物理、化学などの自然科学を基礎とし、物事を客観的に観察、分析的し、技術的な手法を導くことをいいます。そして、公共の安全、健康、福祉のために有用で快適な「モノ」や「空間」や「情報」を構築することが目的で、実用上の価値判断が重要である点で、デザインと多くの共通点があります。デザインの範囲は前項で説明したように様々なものがあり、従って、デザイン工学というとそれらの事柄について科学するための、多くの工学的知識が必要となります。

　デザイン工学の最も重要な点は、デザインを行う際に、感覚的に評価している

私たちの社会・産業とデザイン 1

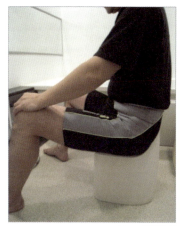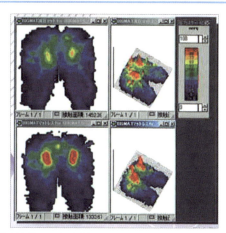

図2　製品評価の工学的分析（椅子の座り心地）

事象について、何が評価を左右しているのかその具体的要素を洗い出し、数値的に、また、目に見える形にして表し、法則性を導き出すことです。そして、その法則に基づいて、シミュレーションや実験を行い、その考え方が正しいか検証することも、デザイン工学の重要な要素です。いままでは、主にデザイナーの感覚で行われていましたが、真に心地よさを求める人間中心設計の時代に立ったいま、より、説得性のある形や素材を選ばないといけなくなったのです。図2は座り心地について、すでに売られているもので評判の良いものを、分析しているところです。右は座圧計の測定結果で、圧力のかかり方をわかりやすく表しています。ここでは座ってもらった人がどう感じたかを聞いて、実際の圧力のかかり方との関係を探ります。すなわち、物理量が人の心理や生理にどのように影響をするのか関係づけをし、法則性や体系を導き出します。これらによって、どのようにつくれば人が心地よく感じるものができるのかを、手法化することができ、デザインを行う際はその手法を使って、目的を達成する案を検討することができます。このような手法は、いままでの既成概念を改め、既存品の範囲を超えて、より飛躍した解決策を導き出すための学問として、これから益々発展していくことでしょう。

◆ 推薦図書 ◆
社団法人　人間生活工学研究センター編『人間生活工学　第一巻』丸善株式会社

1-1 デザインとは、デザイン工学とは(プロダクトデザイン)

Keyword 4 製品づくりのプロセス

図1　デザインのプロセス(企業の製品づくり)

ものづくりに必要な工程

　デザイン行為は、目的を達成するためのプロセス＝手順があり、「もの」、「空間」、「情報」それぞれに特徴があります。ここでは色々な分野で応用できる、企業における製品づくりのプロセスを説明します（図1）。

　製品づくりの工程は大きく四つあり、企画、開発、生産、販売に分かれますが、その大前提としては、事業のビジョンと戦略を持つことが必要で、その具体策として個々の製品づくりがあるといえます。始めに、企画工程は、どんなものをつくるのか目標を固める工程で、そのために市場調査と商品企画をおこないます。①市場調査は、参入しようとする市場の状況を把握すること、人々の要望やニーズ把握することが重要です（図2）。②商品企画は、市場調査の情報に基づいて、誰のために、どんなことを提供するためにつくるのか、目的を明確にする大切な工程です。つくろうとする製品の機能や寸法、材料を決めるための商品仕様や発売時期、販売目標数などを設定する必要があります。デザイン部門ではこれを受けて製品の形状や色をどのようにするかデザイン企画を行います。③の商品開発では実際に②で決めた目標に基づいて、開発部門が機能・構造設計を行います。機械系では機械図面を作成し、電気・情報・制御系では回路図やシステムモデル、プログラムを作成、これらから機能モデルを試作し、実際に動かしてみて、より使いやすいように修正をしていきます。デザイン部門はこれらの設計要

私たちの社会・産業とデザイン 1

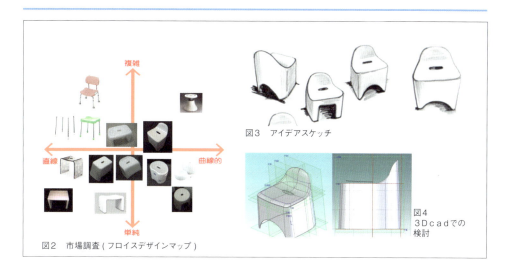

図2　市場調査(フロイスデザインマップ)
図3　アイデアスケッチ
図4　3Dcadでの検討

件を満たしながら、製品が魅力的になるように外観や画面のデザインを検討します。アイデアスケッチ（図3）とモデル化を繰り返し、開発部門と議論を重ね、最も相応しい案に絞ります。現在、3DCADの普及により、画面の中で寸法や動きが確認でき、設計者とのやり取りがたいへん効率良くなっています（図4）。作成された3次元データは、設計確認のほか、最終の形状や素材に近いプロトタイプモデルの作成に活用できます。このプロトタイプモデルは、発売前に、見た目や使い勝手を検証するなど、細かい調整を行う場面で役立ちます。次の生産工程は、実際にものをつくるための生産設計④が行われます。ここでは部品成形に必要な金型の設計、製造が行われ、また部品成形から組み立てを行うための生産ラインと、さらに品質検査ラインの設計が行われます。信頼を得る製品づくりのために、重要な工程です。⑤の販売工程では、カタログ、展示会、ＣＭ、ＨＰ等、情報デザインを駆使した様々な販売施策が行われています。これらは厳しい市場の中で、購入に結びつけるために必須となっています。

　そして、製品は発売した後も、販売後調査として、安全に使われているか、評判はどうかなど、情報収集され、次の製品開発のヒントとして有効に活用されます。

◆ 推薦図書 ◆
井上勝男編『デザインと感性』KAIBUNDO P20～33

1-1 デザインとは、デザイン工学とは(プロダクトデザイン)

Keyword 5 製品づくりの目標設定

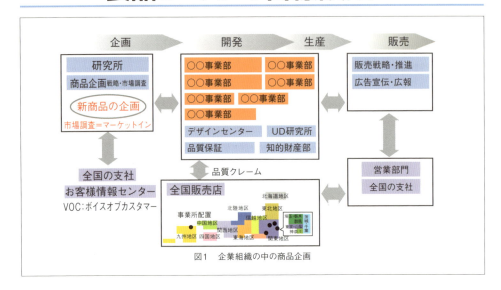

図1　企業組織の中の商品企画

市場調査から新商品の企画へ

　デザインプロセスで説明した商品企画は、何のためにつくるのか、課題設定を明確にする、大変重要な部分です。図1は企業の組織図の概要です。商品企画は主に商品企画部署で行われ、収集したユーザーの声（ボイスオブカスタマー）や他社の動向から、新商品の企画をします。これをマーケットインの思想といいます。ここでは市場調査から新商品を発想するための方法を紹介します。

　商品企画では、新たにデザインしようとしている「モノ」、「空間」、「情報」が、既存のものより価値あるものにするため、既存品調査とそのユーザーの調査を行います。既存品の調査は、参入する製品分野にどんなものがあり、いくらで売られているかなどを把握します。そして、まずはその製品を自分で使ってみて、自分自身の反応を観察することが必要です。その後自分以外の、多くの使用者の意見を調査します。どんなユーザーが、どんな場面で、いくらで買っているか、5W2H（図2）を明確にします。また、どういう不満や要望をもっているかを知ることも、課題設定には重要です。定量調査はインターネットや郵送でアンケートを行い、数を多く取ることができるので、大きな傾向をつかむことができます。しかし細かいところまで聞くことができないので、その分は定性調査で補います。定性調査は、グループインタビュー、訪問調査、観察調査などがあります。調査

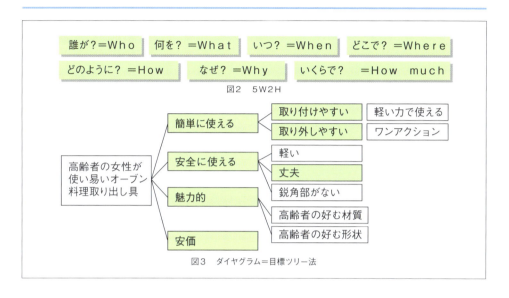

図2　5W2H

図3　ダイヤグラム＝目標ツリー法

によって、既存品の現状と人々の要望やニーズを把握したら、課題を設定し、目標の明確化として、ユーザーシナリオ法を使ったストーリーづくりを行います。ストーリーは、できる限り細かく、人物像や生活スタイルを設定することで、デザインの目標が具体的に設定できます。デザインコンセプトはそれを簡潔にわかり易くまとめたものとなります。

デザインコンセプトから、解決策を発想するときには、様々な方法があります。創造的に発想する方法としてはブレーンストミングやＫＪ法が良く使われます。最近は類似の課題に対する生物の解決法をお手本にするといった、ユニークな連想的発想法があります。他にも、合理的な発想法として、大目標を達成するための下位の課題を書き出し、その因果関係を整理する方法として、ダイヤグラム＝目標ツリー法（図3）があります。このように様々な解決策を発想する方法がありますが、解決策で達成する目標は数値やキーワードとして具体的に明記される必要があり、性能仕様表、あるいはデザインガイドラインといいます。これらは、設計に携わる全ての人々の目標を一致させるための、重要な取り決めとなります。

◆ 推薦図書 ◆
ナイジェル・クロス『エンジニアリングデザイン』培風館

1-1 デザインとは、デザイン工学とは（プロダクトデザイン）

Keyword 6 人間の欲求とデザイン

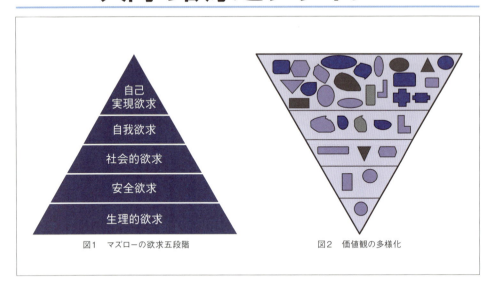

図1　マズローの欲求五段階　　　　図2　価値観の多様化

人間の欲求は段階的に進む

　デザイン行為は、社会や生活を豊かにしたい、という欲求によって、時代の潮流とともに行われてきました。ここでは人間の欲求とデザインについて説明します。
　アメリカの心理学者アブラハム・マズロー[1]は、人間の欲求に階層があるとして「マズローの欲求五段階説」（図1）を主張しています。一番下段の欲求は「生理的欲求」で、生きていくための食欲を指します。二段目は「安全欲求」で、身を守ったり、住居を確保したりすることです。三段目は「社会的欲求」で、これは所属する集団の中で認められたいという欲求です。四段目の「自我欲求」は、他者から注目、評価を受けたいという欲求で、最上段に「自己実現」の欲求があり、自由、個性、楽しみ、自分自身を満足させることを指します。このマズローのピラミッドでは、欲求の段階が下から上に進むに従い、物質的な欲求から精神的な欲求に変化しているといえ、これらは、ほとんどの製品の進化過程に、当てはまります。例えば、電話機は、昔、一家に1台あることで、満足していましたが、いまは、1人に1台の携帯電話の時代になり、単なる通信機器ではなく、趣味や楽しみを広げ、自己実現欲求を満たすツールとして、確立しています。

---

1) アブラハム・マズロー　アメリカの心理学者。1967-1968年アメリカ心理学会会長。人間性心理学の最も重要な生みの親とされている。

私たちの社会・産業とデザイン 1

図3　携帯電話の進化（WiKipedia）

図4　携帯電話の様々な開き方
（WiKipedia）
上：ストレートタイプ
下：折りたたみタイプ
右：スライドタイプ

　人間は、過去から現在に至るまで、欲求に従い、色々な「モノ」、「空間」、「情報」を提供し、新しい価値観を生んできました。そして価値は次の新しい価値を生んでいます。マズローの欲求五段階説は、下にいくほど幅が広くなっていますが、この幅は量が多いという意味ではありません。価値観の種類の量で表した場合は、欲求が上になるほど価値観の種類が多くなり、図2のような逆三角形になります。つまり、これが価値観の多様化です。機能や色や形、素材などについて、要望が増えてきたということです。電話機の例でいうと、昔の電話のデザインはどれも黒い電話でした。それが次第に異なる形や色になり、操作もダイヤル式が、ボタン式に。そして移動中でもかけられる携帯電話となってからは、色や素材、形、開き方の種類が増え、機能においてもゲームやメール、音楽やＴＶも鑑賞できるようになりました（図3、図4）。
　20世紀のデザインのテーマは、所有への充足がテーマとなっていましたが、21世紀となったいまでは、色々な価値観に合わせて、どのように応えていくのかが、デザインの鍵になっていくでしょう。

◆ 推薦図書 ◆
井上勝男編『デザインと感性』KAIBUNDO P75～100

自習のポイント

1　デザインの意味

デザイン行為とはどんなことを指すのでしょうか？　説明できますか？

2　デザインの対象

デザインの分野で、自分が将来携わりたい分野は何ですか？

次に、その理由も説明してください。

3　デザイン工学

デザイン工学の特徴を説明できますか？

4　デザインプロセス

デザインのプロセスについて説明できますか？

5　デザインの目標設定

市場調査においてどんな調査があるか挙げなさい。

6　人間の欲求とデザイン

人間の欲求5段解説について説明できますか？

1-2 建築・空間デザインの歴史と近代化

私たちの社会・産業とデザイン

　建築・空間デザインは、私たちが生活する場を考え（構想）、形にする（設計）行為をいいます。生活の場といっても複数の考え方があります。つくる側と使う側で見方が違います。学校のように目的がはっきりした施設、公園のように不特定多数に開かれた公共空間、これらが集まった都市など様々です。長い間に培われた文化や伝統があります。多くの人々が使うため、社会的なルールも必要です。

　このように建築・空間デザインの対象は住宅から都市まで広がっていて、科学技術から社会経済まで多くの要素が関係します。その一方で、なんといってもデザインですから、色々考えても、最後は形にしないといけません。幅広い経験や知識が求められつつも、具体的なものづくりに収斂させるところに醍醐味があります。人々の思いがデザインを通して実体を与えられ、世に出るのです。

　本節では建築・空間デザインの歴史について近代以降を中心に概観します。近代の始まりは西洋では18世紀半ば、日本では19世紀半ば、産業構造が農業と手工業から工場での大量生産に転じ、都市に人とモノが集中した、工業化と都市化の時代です。日本の場合はさらに明治維新で西洋文化が一気に流れ込んだ時代です。先人達が生きた社会、使った技術、そしてつくり出した建築・空間を見ます。

図1　ラ・トゥーレット修道院（ル・コルビュジエ設計、フランス・リヨン郊外）

1-2 建築・空間デザインの歴史と近代化

Keyword 1 木造の建築と都市

図1
高床式倉庫
(静岡市登呂遺跡)

図2
法隆寺
(奈良県斑鳩町)

図3
数寄屋造り
(横浜市三渓園)

図4
農家
(横浜市三渓園)

　日本建築の伝統は木造です。木は軽くて粘り強いため、線材の軸組によって、温暖湿潤な気候に適する開放的な空間をつくることができます。一方、都市の構造には地形が影響しています。日本の国土は山地が襞状に入り組んでいて、集落は麓に形成され、低地に向かって水田が開かれました。日本の建築と都市は天然素材である木を使って、自然や田園と一体で形成されてきたのです。

　定住が始まったのは縄文時代（前11000～前1000頃）です。住居は地面に穴を掘り、獣皮や草で屋根を葺いた竪穴式でした。防護用に濠を巡らせた環濠集落もあります。弥生時代（前1000～300年）に稲作が始まると、収穫物を守る高床式倉庫が建てられました。これを聖域視したのが古代の神社建築だといわれます。300年頃から築かれた古墳は支配階級が台頭した証拠です（古墳時代）。

　現在の奈良県に興った大和朝廷は仏教を拠り所に中央集権国家を整えました。法隆寺には瓦屋根や礎石など大陸の工法が使われ、奈良時代（710～794）には薬師寺や唐招提寺が建立されました。平安時代（794～1192）には浄土信仰が流行し、宇治平等院鳳凰堂など一般の人々が参る仏堂ができました。大和朝廷の首都が「京」、その中で天皇の住居兼執政の場が「宮」、周囲は「条坊」と呼ばれる格子状の街区に区画されました。京は天皇即位や不幸のたびに遷都されました。

私たちの社会・産業とデザイン 1

図5
平城京

図6
城郭と城下町
（兵庫県姫路市）

図7
中庭型の集落
（奈良県飛鳥地方）

図8
合掌造りの集落
（岐阜県白川郷）

平城京は唐の長安を手本に北が山で南に開く地勢に建設されました。南北4.8km東西4.3kmに最盛期20万人が暮らしたといわれます。平安京はやや大きかったようです。有力貴族の邸宅は120m四方の条坊を占め、公務と生活を兼ねる寝殿を中心に渡り廊下で棟をつなぎ、南に池泉式庭園を配した寝殿造りです。

　源頼朝が征夷大将軍に任命され、武士の世が始まりました（鎌倉時代1192-1336）。質実剛健が尊ばれ、東大寺南大門など大空間が実現しました。室町時代（1336-1549）には禅宗が定着、金閣や銀閣に見られる細い柱梁や反った屋根の繊細な意匠は禅宗様と呼ばれました。これに茶室で発達した数寄屋が加味され、西本願寺飛雲閣や桂離宮（1662）の傑作が生まれました。城郭を中心とした城下町の構造は戦国時代に確立し、今日の都市にも継承されています。徳川時代（1603-1868）の江戸には100万人が暮らしたといわれます。武家住宅は接客空間である大中小の書院が続く構成で、書院造りと呼ばれています。武家住宅以外を民家といい、町人の住居が町家です。坪庭で通風採光を得るよう工夫されています。農家は一つ屋根の下を土間と床上に分けて使いました。

◆ 推薦図書 ◆
都市デザイン研究体『日本の都市空間』彰国社 1968
樋口忠彦『日本の景観』ちくま学芸文庫 1993

1-2 建築・空間デザインの歴史と近代化

Keyword 2 西洋の建築と都市

図1
アクロポリス
(ギリシア・アテネ)

図2
パンテオン
(イタリア・ローマ)

図3
ゴチック様式の
聖堂
(ミラノ聖堂、イ
タリア・ミラノ)

図4
ルネサンス様式
の聖堂
(サンタマリア聖
堂、イタリア・フ
ィレンツェ)

　日本は西洋から技術や制度を取り入れて近代化を果たしました。西洋の建築と都市を学ぶことは、日本の過去と現在と未来を考える上で欠かせません。

　前3000～前2000年頃四大河川に文明が興りました。エジプトではナイル川の穀倉地帯に巨大なピラミッドと神殿が建造され、周囲に商工業者が集住しました。チグリス・ユーフラテス川流域メソポタミアの都市国家は、エジプトが密林や渓谷で守られたのに対し、砂漠や平原に市壁を築いて外敵に備えました。インダス川流域のモヘンジョ・ダロやハラッパの遺構には規則的な区画や下水道など都市計画の跡がうかがえます。中国の黄河流域では殷と周の各王朝が栄えました。

　西洋文化の原点はギリシアです。地中海沿岸の都市国家の中から前700年頃アテネが台頭しました。市街地は市民広場アゴラと神域アクロポリスの二極からなり、列柱付きの神殿は後に古典様式と呼ばれます。ローマ帝国は476年東ローマの滅亡まで1000年続きました。闘技場や水道橋など巨大構造物は、煉瓦を円形に積上げるアーチが可能にしました。市民の住居は中庭を備え、7～8階建てもありました。ロンドンやパリなど欧州都市の多くはローマ植民地が起源です。

　313年キリスト教が公認されると、集会場兼市場のバシリカが教会に使われました。東ローマ帝国では十字形の交差部にドームを架けたビザンチン様式の聖堂

私たちの社会・産業とデザイン　1

図5
中世の山岳都市
(イタリア・シエナ)

図6
中世の都市広場
(イタリア・シエナ)

図7
ルネサンス様式の中庭
(ドゥカーレ宮殿、イタリア・ウルビノ)

図8
バロック様式の広場
(サンピエトロ大聖堂、バチカン帝国)

が確立しました。紀元1000年を機に各地で修道院が建設され、アーチを使ったことからローマ風の意味でロマネスク様式と呼ばれています。都市では背の高い教会が求められ、尖塔アーチや控え壁のゴチック様式が開発されました。イタリアのシエナのように市壁で囲まれたコンパクトな中世都市はいまも愛されています。

15世紀商工業で栄えたイタリアのフィレンツェで、キリスト教以前のギリシアの人間中心主義を見直す芸術運動が興りました。再生の意味でルネサンスといいます。ブラマンテのサンタマリア大聖堂（1434）のような技術と美学が結合した合理主義が標榜されました。ルネサンスは16世紀ローマでミケランジェロらによりマニエリスムと呼ばれる成熟期を迎え、17世紀には楕円や巨大な列柱を使うバロック様式に至りました。同じ頃、絶対王政の伸長や長距離砲の登場を背景に、パリ郊外のベルサイユ宮殿（1661）やローマのサンピエトロ広場（1667）のように市街地を切り裂くように整形の広場と街路が整備されました。バロック様式の建築と都市整形は、街並に秩序と躍動を与える点が評価され、欧州はもとより南北米大陸およびアジアの植民地における都市建設に頻用されました。

◆ 推薦図書 ◆
香山寿夫『建築意匠講義』東京大学出版 1996
『コンパクト版建築史』彰国社 2009

1 2 建築・空間デザインの歴史と近代化

Keyword 3 近代建築の誕生

図1
最初のカーテンウォール
(ハリディ・ビル、アメリカ・サンフランシスコ)

図2
サグラダ・ファミリア聖堂
(A. ガウディ設計、スペイン・バルセロナ)

図3
アーツ&クラフツの例
(グラスゴー美術学校 C.R. マッキントッシュ、スコットランド)

図4
セセッションの例
(ウィーン郵便貯金局、O. ワグナー、オーストリア・ウィーン)

　建築の近代化は産業革命に促される形で始まりました。工業化は生産や移動の拡大をもたらし、大規模で効率的な施設や空間が求められました。建築自体にも工業製品が用いられ、規格品や機械の機能美が次第に浸透していきました。

　西洋ではそれまでの石造や煉瓦造に対し、近代建築は鉄から始まりました。初期は鉄道や橋梁など土木施設に使われましたが、1851年ロンドン万博のクリスタルパレスは鉄とガラスで自然光があふれる巨大な吹き抜けの空間を実現しました。米国では1871年シカゴ大火を機に鉄骨造の高層ビルが登場しました。鉄筋コンクリート（RC）は遅れましたが、影響は多大でした。骨材を混ぜたセメントを鉄筋に流し込み、型枠で形が自由になる便利な工法です。

　19世紀末欧州全域で芸術の前衛運動が興りました。フランスやベルギーのアール・ヌーヴォはパリ地下鉄出入口（1913）など鋳鉄を曲線に使いました。スペインの建築家A.ガウディのサグラダ・ファミリア聖堂（1883-）の奇抜な造形は放物線の力学的特性を生かしたものです。英国のアーツ&クラフツは手作りを見直す運動で、C.R.マッキントッシュのグラスゴー美術学校（1899）が有名です。オーストリアのセセッションの中心O.ワグナーの郵便貯金局（1906）は伝統的な外観を踏襲していますが、工業製品や新しい工法を大胆に使っています。

私たちの社会・産業とデザイン 1

図5
デ・ステイルの例
（シュレイダー邸、オランダ・ロッテルダム）

図6
バルセロナ万博ドイツ館
（ミース・ファンデル・ローエ、スペイン・バルセロナ

図7
モリス商会
（フランク・ロイド・ライト設計、アメリカ・サンフランシスコ）

図8
ロンシャン礼拝堂
（ル・コルビュジエ設計、フランス・ロンシャン）

　20世紀に入ると工業化や機械化が肯定的にとらえられ、その美学が建築にも取り入れられました。1907年結成のドイツ工作連盟は工場や公営住宅など産業施設に積極的に取り組みました。イタリア未来派とロシア構成主義は機械や速度をモチーフとし、後者は社会主義革命と結びつき実作も残しました。オランダでは幾何学的なデ・ステイルと曲面を使う表現主義の二つの思潮がありました。H.P.ベルラーへが指揮したアムステルダム南部開発を見ると、水準の高さがわかります。
　近代建築を様式に高めたのは3人の巨匠です。ル・コルビュジエ（1887-1965）はピロティ、屋上庭園、自由な平面、水平連続窓、自由な前面の五原則を掲げ、住宅や都市計画からロンシャン教会堂（1959）のような彫刻的作品まで全世界に傑作を残しました。ミース・ファン・デル・ローエ（1886-1969）は鉄骨を繊細に扱い、バルセロナ万博ドイツ館（1929）など無駄を省いた建築を追求しました。フランク・ロイド・ライト（1867-1959）は「草原住宅」と呼ばれる水平線を強調した住宅の設計で有名になると、日本でも帝国ホテル（1923）他複数の作品を残し、米国内ではグッゲンハイム美術館（1959）ように曲面を大胆に使いました。

◆ 推薦図書 ◆
内藤廣『構造デザイン講義』王国社 2008

1-2 建築・空間デザインの歴史と近代化

Keyword 4 近代都市計画

図1
南北の公園を結ぶ街路と沿道整備（イギリス・ロンドン）

図2
広場を大通りで結ぶ計画（フランス・パリ）

図3
シャンゼリゼ大通り（フランス・パリ）

図4
リージェント街（イギリス・ロンドン）

　18世紀半ば産業革命が進むと、都市に人口が流入し工場が乱立しました。ロンドンの人口は18世紀初頭の100万が100年後には650万に達しました。高架下の長屋に複数の労働者家族が同居する例も見られました。近代都市計画はこの無秩序な過密状態を改善するために生まれました。

　大都市では中世以来の密集市街地にメスが入れられました。1813〜26年ロンドンでは北のリージェント公園と南のセントジェームス公園を結ぶリージェント街が建設されました。パリはナポレオン3世の治世下、1852年からシャンゼリゼなど大通りや広場が整備されました。ウィーンは幅500mの環濠を1858〜88年に埋め、リンク・シュトラーセ（環状道路）を築造しました。いずれも道路や公園とそれに面する建築を一体で整備したところに特徴があります。

　同じ頃、建築の法制度が整えられました。英国では公衆衛生法の1894年改正（1848年制定）により、道路や後庭の幅、建築の壁面や高さが規制されました。1909年制定の都市計画法では「アメニティ」という言葉が使われ、公衆衛生、美観、歴史文化の三つの要素が都市の快適さには必須だと定義されました。

　劣悪な既成市街地から離れて新しく理想都市をつくる動きもありました。英国のE.ハワードは1898年『明日の田園都市』の中で、鉄道で大都市に結ばれ、職

私たちの社会・産業とデザイン 1

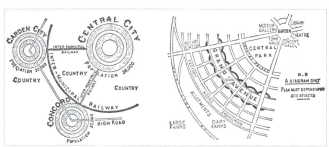
図5 田園都市の模式図

図8 マンハッタンとセントラルパーク（アメリカ・ニューヨーク）

図6 エメラルドネックレス（アメリカ・ボストン）

図7 ウェルウィン田園都市（イギリス）

場と住居を備えた自律的な田園都市の必要性を訴え、会社を起こして1903年レッチワースと1920年ウェルウィンで実現しました。米国のC.A.ペリーはこの影響を受け、1924年『近隣住区論』でコミュニティの単位として幹線道路に囲まれて通過交通を排除した約400m四方の小学校区を主張、ラドバーンで実現しました。田園都市と近隣住区は後の郊外ニュータウンの手本になりました。

　南北米大陸には15世紀以来欧州列強が植民地を置きました。新たな都市建設には短期間で整備できる格子状の街区割りが採用されました。アメリカ合衆国の建国は1775年、首都ワシントンは格子割りを基本にバロック様式で計画されました。ニューヨークは1811年に現在の街区が確定、南北4km東西0.8kmのセントラルパークは「都市の肺」として1876年に完成しました。ボストンでは都心の公園から河川敷と郊外の森林を緑で結ぶ「エメラルド・ネックレス（緑の首輪）」が整備されました。このような緑地体系はパークシステムと呼ばれて全米に普及しました。1893年シカゴ博では、ミシガン湖畔の会場に古典様式の街並みが建設され、「白い都市」と呼ばれて後の「都市美運動」の契機になりました。

◆ 推薦図書 ◆
日端康雄『都市計画の世界史』講談社現代新書 2008

1-2 建築・空間デザインの歴史と近代化

Keyword 5 江戸から東京へ

図1
日比谷官庁街計画案
（エンデ、ベックマン）

図2
銀座煉瓦街（模型）

図3
一丁倫敦（三菱一号館の復元）

図4
司法省（現・法務省：エンデ、ベックマン設計、東京都千代田区）

　明治の日本は西洋文化を貪欲に学んで近代化に取り組みました。とりわけ国の顔となる東京に注力しました。1872（明治5）年銀座が大火に襲われると、英国人技師ウォートルスにより列柱で飾られた不燃市街地「煉瓦街」に再建されました。1885年には内閣制度が発足、ドイツから建築家エンデとベックマンが招かれ、日比谷にバロック様式の官庁街が提案されました。計画は縮小されましたが、司法省（現・法務省）が実現しました。1888年最初の都市計画「市区改正」が発布されました。新橋上野間の鉄道、市電や上水道を整備した他、丸の内が払い下げられ、「一丁倫敦」と呼ばれる英国様式のオフィス街に生まれ変わりました。

　1914（大正3）年勃発の第一次世界大戦が好況をもたらし、都市に人口と活動が集中、体系的な都市計画が必要になりました。1919年、急増する建設活動や無秩序な土地利用を規制するため、市街地建築物法と都市計画法が制定されました。英国から田園都市が紹介され、田園調布など鉄道とセットで郊外住宅地が開発されました。1923年9月1日の関東大震災では30万世帯が住居を失いました。被災地には区画整理が実施され、道路や橋梁など都市基盤が整備されました。小学校は防災拠点になるよう、RC造で再建、小公園が付設されました。

　過密化する都市に対し、環境を改善し公共空間を提供するため、公園緑地が順

私たちの社会・産業とデザイン 1

図5
震災復興の区画整理

図6
復興小学校
(九段小学校、東京都千代田区)

図7
明治神宮と外苑

図8
東京緑地計画におけるグリーンベルト

次整備されました。上野公園、芝公園、新宿御苑は寺社地や大名屋敷が開放されたものです。日比谷公園は市区改正でつくった西洋式庭園です。1915年には明治神宮が着手され、内苑、銀杏並木の外苑、ケヤキ並木の表参道による連続した緑地が都心にできました。関東大震災で被害が大きかった隅田川沿いの地区には避難広場を兼ねて隅田、錦糸、浜町の三大公園が新設されました。

　昭和に入ると東京への集積が益々進み、都市構造の抜本的整備が求められました。1925年山手線の環状化、1927年小田急線と東横線の開通、新宿や渋谷のターミナル整備など、江戸を下敷きに皇居を中心とした放射環状の都市構造に方向づけられました。1939年東京緑地計画では市街地の拡大を抑制するため、東京の周囲と東京湾に注ぐ河川沿いに緑地帯が定められました。このように土地利用と都市基盤が連係する有機的な都市計画は、太平洋戦争で中断しますが、満州の植民都市に生かされました。首都新京(長春)は行政・商業・住宅の分離、広場を大通りで結ぶ空間構成、遊水池を兼ねた大規模な公園など、キャンベラ(豪、1912)やニューデリー(印、1913)など他の新首都と比肩できる水準でした。

◆ 推薦図書 ◆
越澤明『東京の都市計画』岩波新書 2003

1-2 日本の近代建築

Keyword 6

図1 擬洋風建築（済生館、山形県山形市）

図2 富裕層の洋館（旧岩崎邸、J.コンドル設計、東京都文京区）

図3 東京駅（辰野金吾設計、東京都千代田区）

図4 築地本願寺（伊東忠太設計、東京都中央区）

　日本建築の近代化は西洋建築の習得から始まりました。1858年開国が決まると、外国人居留地には長崎のグラバー邸（1863）のようにバルコニー付きの南方植民地風の邸宅が並びました。基幹産業の近代化が急がれ、「お雇い技師」といわれる外国人技術者が登用されました。英国から招いた建築家J.コンドルは鹿鳴館（1883）など西洋式の施設を手掛けるとともに、1873（明治6）年開設の工部寮（東京大学工学部）初代教授として日本人建築家を育てました。第一回卒業生は4名、東大教授を継いだ辰野金吾は日本銀行本店（1896）や東京駅（1914）、宮内省に入った片山東熊は迎賓館（1909）など、国家的事業に携わりました。各地の棟梁や職人は「擬洋風」と呼ばれる和洋折衷デザインを学校や役場に施しました。中でも清水喜助は築地ホテル（1868）など西洋式の大規模施設に積極的に取り組み、総合請負業（ゼネコン）の基礎をつくりました。

　19世紀末から20世紀初め欧米で起きた近代建築運動は我が国にもすぐに伝わり、大正から昭和初期に姿を現しました。アールヌーヴォ、セセッション、ドイツ工作連盟、表現主義などの動きは欧州留学経験者によって紹介され、実作にも取り入れられました。米国からは高層技術が導入され、耐震構造を施してオフィスビルの典型になりました。住宅にも高層化と耐震化が求められ、1923年関東

図5
西洋古典様式の修得(明治生命館、岡田信一郎設計、東京都千代田区)

図6
機能性の表出
東京郵便局(吉田鉄郎設計、東京都千代田区)

図7
自由学園明日館(フランク・ロイド・ライト設計、東京都豊島区)

図8
RC造アパートの登場(同潤会上野下アパート、東京都台東区)

　大震災の翌年に創設された同潤会がRC造の中層集合住宅を積極的に建設しました。東京中央郵便局（1931）や黒部川第二発電所（1936）など産業施設は機能が優先され、装飾を省いてデザインされました。近代建築の巨匠フランク・ロイド・ライトが帝国ホテル（1923）の設計で来日すると、複数の日本人建築家が師事し、助手のA.レーモンドは日本で設計活動を続けました。太平洋戦争後に建築界を担う前川国男と坂倉準三は戦前パリでル・コルビュジエの下で修業しました。

　日本独自の様式も模索されました。奈良県庁舎（1895）は西洋建築に倣いながら、見た目は和風に設えられました。建築史学者でもあった伊東忠太はアジア踏査を敢行、築地本願寺（1934）にはインドの影響が色濃く見えます。戦時体制ではナショナリズムが強まり、軍人会館（1934）や東京帝室博物館（1937）など「帝冠様式」といわれる、RC造に瓦屋根を載せた折衷形式が現れました。

　木造から煉瓦や鉄骨やRCへ、近代社会が求める新しい施設、西洋の伝統的な建築様式というように、我が国の近代建築は工業化と脱封建化と欧米化を同時で進め、開国から太平洋戦争まで80年で幅広い展開を見せました。

◆ 推薦図書 ◆
鈴木博之編著『近代建築史』市ヶ谷出版社 2008

1-2 建築・空間デザインの歴史と近代化

Keyword 7 戦災復興と高度成長

図1 戦災復興の街路整備（定禅寺通り、宮城県仙台市）

図2 戦後初期の公共建築（神奈川県立近代美術館、神奈川県鎌倉市）

図3 集合住宅団地（豊四季団地、千葉県柏市）

図4 新宿副都心の超高層街（東京都新宿区）

　1945（昭和20）年太平洋戦争が終結、日本は焦土と化しました。日々の糧にも事欠く状態から20年後には東京五輪を開催するまでに回復しました。近代建築はこの過程に貢献するとともに、旺盛な建設活動を通して発展しました。

　戦災復興は空襲で壊滅した都心から着手され、広島の平和大通りや仙台の定禅寺通りなど骨格的な道路や公園が整備されました。1950年代は庶民の住宅に注力されました。清家清の斎藤助教授の家（1952）は小規模な木造住宅でありながら、洗練されたプロポーションが海外で評価されました。一方、急激な都市化と核家族化に対しては、集合住宅による大量供給が不可欠になりました。1951年には51C型と呼ばれる食寝分離の2DK住戸が開発されました。1955年設立の日本住宅営団は全国各地に住宅団地、1960年代からは三大都市圏に千里、高蔵寺、多摩の各ニュータウンを建設しました。また、生活水準の向上とともに持家指向が高まり、民間企業による郊外鉄道沿線の住宅地開発も活発化しました。

　公共建築は民主主義の象徴として取り組まれました。神奈川県立近代美術館（1951）と神奈川県立音楽堂（1954）は戦後の物資不足にもかかわらず、明るく開放的で市民が文化芸術を楽しむ場を提供しました。日本の近代建築を国際水準に持ち上げたのは丹下健三です。広島平和公園の設計競技で本格デビュー、代々

私たちの社会・産業とデザイン 1

図5
国立代々木体育館
（丹下健三設計、
東京都渋谷区）

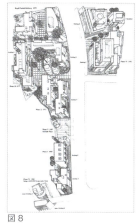

図6
東京計画1960における海上都市構想
（丹下健三）

図7
金刀比羅宮の空間構成
（香川県琴平町）

図8
代官山ヒルサイドテラス
（槇文彦、東京都渋谷区）

木体育館（1964）など大胆かつ繊細な造形により日本の伝統と近代建築を融合した表現を生み出しました。国内外の都市計画でも活躍しました。

　経済成長とともに大都市を中心に土地の高度利用が求められました。1963年高さ制限から容積率制へ移行、大きな敷地で十分な空地を設ければ高層建築が可能になりました。1968年日本初の超高層、霞ヶ関ビルが完成、新宿副都心も順次整備されました。1964年東京五輪を機に首都高速道路や新幹線が整備され、交通施設が都市空間を占めるようになりました。前後して建築家からは、脱着可能な建築ユニットや人工地盤を使った装置的な都市像の提案が相次ぎました。

　個々の建築や開発がどんどん進む一方、街並みの調和や建築間の空地など、都市と建築の中間領域に関心が高まりました。建築家の芦原義信は欧米と日本の通りや広場を比較研究、1962年『外部空間の構成』を著しました。1963年『日本の都市空間』は町家や寺社など伝統的空間を見直した資料集です。槇文彦は群造型を提唱、代官山ヒルサイドテラス（1969-）では住宅、店舗、緑地、小広場、路地が絡み合う街並みを20年かけて段階的に実現しました。

◆ 推薦図書 ◆
芦原義信『街並の美学』岩波現代文庫 2001

建築・空間デザインの歴史と近代化

Keyword 8 ポストモダニズム

図1
伝統的街並の保存
（奈良県今井町）

図2
景観条例による風景の保全
（石川県金沢市）

図3
中世の城壁の転用
（カステル・ヴェッキオ美術館、C. スカルパ設計、イタリア・ヴェローナ）

図4
伝統的意匠の継承
（山形県金山町）

　近代建築と近代都市計画は、その機能主義が経済効率と結びつき、全世界に爆発的に広がりました。それだけ歪みも早く、20世紀末には各方面から反動が起こりました。それらは近代以後という意味でポストモダニズムと総称されます。
　高度経済成長の開発ブームに対し、環境保全の取り組みが始まりました。奈良、京都、鎌倉、金沢、倉敷、高山など歴史都市で市民運動が活発化し、1966年古都保存法、1975年伝統的建造物群保存地区が定められました。良好な空間をつくり出す動きも生まれ、1967年ニューヨーク、1968年サンフランシスコ、1971年横浜市、1982年世田谷区で行政庁内に都市デザインの部署が置かれました。1978年に神戸市が景観条例を定めると、全国に広がりました。
　行政主導の都市計画に対し、住民主体のまちづくりが始まりました。1961年米国人記者J.ジェイコブズは『アメリカ大都市の生と死』を著し、効率優先の近代都市よりも様々な要素が混じる下町の方が暮らしやすいと訴えました。墨田区京島や神戸市真野では1970年代から地元にまちづくり協議会が組織されました。また、1970年歩行者専用道路の法定化や1974年オランダでの歩車融合道路の実験など、車優先から歩行者の安全や快適へ転換が図られました。
　若手建築家を中心に住宅に情熱が注がれました。内井昭蔵の桜台コートビレッ

図5 路地のある集合住宅（桜台コートビレッジ、内井昭蔵設計、神奈川県横浜市）

図6 都市に暮らす住宅（塔の家、東孝光設計、東京都渋谷区）

図7 ハイテク様式（ポンピドーセンター、R.ロジャース＋R.ピアノ設計、フランス・パリ）

図8 古典建築の引用（つくばセンタービル、磯崎新設計、茨城県つくば市）

ジ（1970）は民間の集合住宅でありながら、路地で戸建て風に設えています。1983年からは地域住宅計画制度（HOPE）が地方都市を対象に地元の材料と意匠の使用を奨励しました。東孝光の塔の家（1967）と安藤忠雄の住吉の長屋（1976）はRC打ち放しを使い、都心の狭小敷地で住宅に挑戦しました。

　近代建築が切り捨てた地域性や歴史や手作り感が見直されました。C.アレグザンダーのパタンランゲージ（1977）は既存の集落や住居から253の法則（パターン）を抽出、その組み合わせ（ランゲージ）で街や建築を設計する方法です。磯崎新のつくばセンタービル（1983）は古典建築を随所に引用、近代建築に豊かな表情を与えました。R.ロジャースとR.ピアノのポンピドーセンター（1977）は骨組みや配管など建築のつくられ方を表出して、ハイテク様式と呼ばれています。

　このようにポストモダニズムは近代建築と近代都市計画に対して異議を呈する形で始まり、技術や機能だけでなく、生活、歴史、文化、環境、景観など多様な質を建築・空間デザインに求めました。地球環境、持続社会、地域再生など今日の課題と展望の源流をここに見出すことができます。

◆ 推薦図書 ◆
C.アレグザンダー『パタン・ランゲージ』鹿島出版会 1984
原廣司『集落の教え100』彰国社 1998

自習のポイント

1 **木造の建築と都市**
江戸時代の城下町は、欧州の同じ頃の都市と違って、町の周囲に都市壁は築かれませんでした。外敵から防御するため、町の構造や施設の配置にどんな工夫がなされたか、図面と文献で調べて、元城下町を訪れて確認してみましょう。

2 **西洋の建築と都市**
15〜16世紀の欧州ではルネサンス文化が栄え、「万能人」と呼ばれる芸術家兼技術者が建築、美術、科学など幅広い分野で活躍しました。中でも代表的なレオナルド・ダ・ビンチとミケランジェロの成し遂げたことを調べてみましょう。

3 **近代建築の誕生**
それまでの建築が木と石と煉瓦でつくられたのに対し、19世紀後半からは鉄とコンクリートとガラスが広く使われるようになりました。これによって建築のデザインはどう変わったか、建築の図面や写真から読み取ってみましょう。

4 **近代都市計画**
19世紀後半、欧米の都市は過密化によって不快と不健康と危険と不便を極めていました。このような劣悪な都市環境を改善するため、どんな策が講じられたか、文献から調べてみましょう。

5 **江戸から東京へ**
あなたの故郷や住む町の市街地や集落や道路や港がどのようにできてきたか、時代順に追ってみましょう。明治以前は絵図、明治以降は地図が残っています。市史や町史で社会背景や事実関係を確認しましょう。

6 **日本の近代建築**
明治時代に建てられた公共施設の多くが、伝統的な木造建築ではなく、西洋建築だったのはなぜでしょうか。また、明治時代の建築技術者はどうやって西洋建築を習得したのでしょうか。

7 **戦災復興と高度成長**
東京の丸の内と西新宿はともに日本を代表するビジネス街です。両者の違いは何か、建物や道路や広場のデザインに着目して考えてみましょう。

8 **ポストモダニズム**
よいデザインだと他人に薦められる建物と街を一つずつ挙げて、その理由を書き出してみましょう。また、さらによくするための改善案も考えてみましょう。

1-3 プロダクトデザインの歴史と近代化

私たちの社会・産業とデザイン

プロダクトデザインの歴史は、人の生活に密接にかかわっています。プロダクトデザインという言葉が使用される前から、ものづくりにおいては、モノが考案され工作されるときに、その用途と機能を実現する構造、形態、材料、模様、色を生活者（時として工作者）に受け入れられるように美的に統合していました。工場で製品が大量生産されるようになっても、製品が発明され設計されるときに生活者（時として購入者）の意向を取り入れる必要がありました。

現在、多くの製品は、用途と機能を実現するだけでは販売に結びつかないといわれます。使ってみたい、所有したいと思う気持ちを起こさせる魅力、感性価値が必要といわれています。一方、有限の資源を使用している私たちには、持続可能な社会を実現することが求められています。プロダクトデザインは、これまで、技術の進歩と社会の変化に連動する形で製品をつくってきました。これからは、目指すべき社会を実現するために技術とデザインが一体となり、製品開発を推進していく必要があります。

1-3 プロダクト(工業)デザインの歴史と近代化

Keyword 1 手作りの時代

図1 縄文時代の壺　　図2 江戸時代の鍛冶屋

手で道具をつくる

　人がHomo sapiens(ホモ・サピエンス)といわれるのは、「考える」ことを特質とするからです。また、Homo feber（ホモ・ファーベル）ともいわれるのは、「つくる」ことも人ならではの行為だからです。昔もいまも、人は、生きる活動（生活）を支えるために何が必要かを「考え」「つくる」ことによって、生活で使用するための道具を生みだしてきました。

　人の「つくる」行為を可能にするのは、人の手が拇指対向性を持っているからです。このことが、他の動物とは異なる手先の器用さを実現しています。そのため、自分の手で水をすくって飲み、木の実を採って食べることもできますが、より多くの水を汲んで溜めるために、より多くの木の実を蓄えるために、手よりも大きな器（図1）が必要と考え道具をつくりました。多くの道具は、身体の持つ機能を外在させることによって高い能力を手に入れています。

自らの手でデザインする

　昔は、使用する人が必要な道具を自らの手でつくっていました。しかし、自ら

私たちの社会・産業とデザイン 1

図3　和傘照明

図4　和紙照明

の要求が高度になり自らが応えられなくなって、専門職に分化していき、熟練した職人の分業による手工業が始まりました。熟練した職人（図2）は、工作のための道具（工具）をつくり、使用することで、より高い能力を持った道具をつくる繰り返しにより道具の機能や性能を高めてきました。しかし、生産性は、工作の動力を主として人に頼っていたため限界がありました。そして、機能を美的に構成するデザインは個々の職人の内にあったため、すでにつくられたものが見本となって継承され、改善が加えられてつくられてきました。現在のような生産の前に企画したものをデザインする行為は、存在していなかったと思われます。

　職人の手による製品は、手作りの良さ、手作りならではの魅力を持っています。そこには、大量生産品にはない温かみを感じるからかもしれません。日本の各地に残っている伝統工芸品は、もともと日常の生活道具としてつくられていたものに美的な価値を見出したものです。今日のデザインは、工業製品だけでなく伝統的工芸品（図3、図4）を現代生活に生かす役割も果たしています。

◆ 推薦図書 ◆
山口昌伴道具学研究所『和風検索－にっぽん道具考』筑摩書房 1990

1 3 プロダクト (工業) デザインの歴史と近代化

Keyword 2 産業革命・量産と分業

図1 ワットの改良蒸気機関

図2 機関車「ロケット号」 1829

産業革命がデザインを生む

　18世紀中頃に始まった産業革命は、イギリスから欧米諸国へ波及し、日本でも明治になって進行しました。蒸気機関に代表される動力機械の発明と、その応用による移動と生産にかかわる革新は、社会のあらゆる場面で効率を上げ、生産性を飛躍的に高めました。工場で大量生産された生活物資は、同じく生産性を上げた農業から都市に移ってきた労働者によって大量消費されました。都市への人口集中は、都市型の生活スタイルを生み、そこで必要とされる製品（ガスや電気を使用した家事調理機器）の新たな消費を生み、次の大量生産を支える循環ができたのです。

　産業革命はそれまでの手工業製品の生産工程を機械化しただけでなく、新たな用途のための機器をつくり出しました。しかし、例えば蒸気機関（図1）に与えられた造形は古代神殿風の柱であり、技術と美術は分離した状況でした。新たな形態が模索された代表として機関車があります。1929年にスティーブンソン親子によってつくられた「ロケット号」（図2）は、機能を実現するための機構上

私たちの社会・産業とデザイン

図3　D7形451号機「ファゾルト」1876
インダストリアル・クラフトマンによる機関車

の工夫をそのまま形態で表現しており、美的な処理を意識的に施しているとは思えません。しかし、次第に機能だけでなく、用途の実現と合わせて全体のプロポーションからディテールまで、仕上げに拘るインダストリアル・クラフトマンといわれる新たな職人が、工場生産の工程の中に現れてきました（図3）。

　産業革命の進展とともに機械化による分業が進むと、ものづくりの方法や手順をあらかじめ考える必要性から設計行為が生まれました。その後、デザインは、設計プロセスから分離し、手工業生産から機械工業生産に移行する中で無くした審美性を取り戻す役割を果たしたといわれています。デザインは、常に新たに開発された生産技術や素材を使って製品を美的に構成する役割を担うようになりました。そして、デザインされた製品は、工場において大量生産され、同じ機能、同じ品質、同じ形でつくられました。そのため、大量消費するには、多くの消費者に受け入れられて売れる必要があり、売るための手段としてデザインが宣伝とともに活用されるようになりました。

◆ 推薦図書 ◆
S. ギーディオン、榮久庵祥二訳『機械化の文化史－ものいわぬものの歴史』鹿島出版会 2008

プロダクト(工業)デザインの歴史と近代化

Keyword 3

アーツ・アンド・クラフトから ドイツ工作連盟

図1 モリス商会の壁紙

図2 モリス商会のステンドグラス(『ウィリアム・モリスの100デザイン』藝祥)

モリスからグロピウスへ

　ウィリアム・モリス（1834-1896）は、アーツ・アンド・クラフツ運動（Arts and Crafts Movement）を主導したイギリスの詩人、思想家でありデザイナーです。モリスは、ジョン・ラスキンのゴシックこそ「芸術家と職人がいまだ未分化の状態にあり、創造と労働が同じ水準におかれていて、人々が日々の労働に喜びを感じていた理想の時代」[1]とする考えに共感し、産業革命によって安易に工場生産に置き換えたために失われた手作りによる価値の復権を目指しました。

　1861年に、モリスは、彼の考えを実践するためにモリス・マーシャル・フォークナー商会を設立しました。モリス商会の代表的な製品には、壁紙（図1）やステンドグラス（図2）があります。モリスは、産業革命が生んだ貧富の差、手作りの労働を軽視する姿勢に対して批判的でしたが、結果的につくられた製品は高価なものとなり、裕福な階層の人にしか使うことのできないモノとなったとの批判もあります。しかし、生活と芸術を一致させようとしたモリスの考え方と行動は、多くの国に影響を与えました。日本でも大正後期に、柳宗悦、河井寛次郎らによって民芸運動が興きました。

1) 阿部公正監修『世界デザイン史』P24 美術出版社 1995

私たちの社会・産業とデザイン　1

図3　AEG 扇風機（撮影：平野聖）
（ミュンヘン「モダン・ピナコテーク」）

図4　AEG 電気ポット（『カラー版世界デザイン史』美術出版社、1995 年）

　モリスが工房での制作に拘ったのに対して、産業革命による工場生産を肯定的にとらえて製品に造形を与えようとしたのが、ペーター・ベーレンス（1868-1940）とヘルマン・ムテージウス（1861-1927）です。ベーレンスは製品の近代化を目指して、AEG（1883年創業のドイツの電機メーカー、1994年にエレクトロラックス社の傘下に入り、以降同社のブランド名となる）の扇風機（図3）、電気ポット（図4）、照明器具などのデザインをし、ムテージウスは、工芸の持つ良い面を工業製品においても表現しようとしました。そして、彼らによって、1907年10月にドイツ工作連盟が結成されました。ドイツ工作連盟では、製品の企画、造形をする人と生産する労働者は別であることを前提として製品のデザインが考案されました。現在におけるプロダクトデザインの始まりといえます。
　1912年に、ヴァルター・グロピウス（1883-1969）は、ドイツ工作連盟に加入しムテージウスの下で働いていましたが、その後、1919年にバウハウスを設立しドイツ工作連盟の考え方を引き継ぐことになります。

◆ 推薦図書 ◆
ニコラス、ペヴスナー、白石博三訳『モダン、デザインの展開モリスからグロピウスまで』みすず書房 1957

1.3 プロダクト(工業)デザインの歴史と近代化

Keyword 4 バウハウスからウルム造形大学

図1 初代学長 グロピウス

図2 バウハウス デッサウ校舎

デザイン教育

　バウハウスは、1919年にドイツのワイマール市に開校されました。初代の校長は、建築家のヴァルター・グロピウス(図1)で、彼が掲げたバウハウス創立宣言書は、「すべての造形活動の最終目標は建築である！」[1]という言葉で始まっています。バウハウスは、建築のもとに、彫刻・絵画・工芸などの諸芸術と職人による工作を結集して芸術と技術の統合を図ることを目標としました。

　教授陣には、画家のW・カンディンスキー、P・クレー、J・イッテン、モホリ＝ナジ、陶芸家のG・マルクス、そして舞台芸術家のO・シュレンマー等がいました。バウハウスは、近代工業が発展しつつあった当時において、生産方式と生活様式に応じた芸術のあり方を示し、総合的なデザイン教育の一つの頂点を形作ったことで高く評価され、建築および家具デザイン、グラフィックデザインの分野にその成果が認められています。1926年に、グロピウス自身が設計したデッサウ校舎(図2)に移転し、その後、校長はH・マイヤーを経てミース・ファン・デル・ローエに代わりますが、1933年にはナチスドイツの圧力でその幕を閉じました。しかし、その理念はシカゴのニュー・バウハウス、ドイツのウルム造形

1) 阿部公正監修『世界デザイン史』p.79、美術出版社、1995

私たちの社会・産業とデザイン　1

図3　ブラウン・ラジオ・レコードプレーヤー（1956）

図4　ブラウン・シェーバー（1961）

大学におけるデザイン教育へと継承されていきます。
　ニュー・バウハウスは、1937年にモホリ＝ナギによってアメリカ・イリノイ州シカゴに創設されました。その名のとおり、バウハウスの流れを汲むものですが資金難から翌年には閉校となります。現在はイリノイ工科大学に編入されインスティテュート・オブ・デザインとしてデザイン教育が行われています。
　ウルム造形大学は1953年に開校し、美的な関心を機能的なもの、社会的なもの、論理的なものに求めようとしました。ウルム造形大学が生んだデザインは、当時としては画期的であり現在まで影響力を持ち続けています。例えば、ブラウン社のための一連の製品デザイン（図3、4）、ルフトハンザ航空のCIデザインなどです。また、その考え方は、世界各国でのデザイン開発にも影響を与え、多くの公共デザインや日常的な生活器具のデザインに生かされています。
　バウハウスからウルム造形大学に至るデザイン活動は、機械化を肯定しつつ社会と生活の視点で機能を美的にデザインしようとしたものでした。

◆ 推薦図書 ◆
杉本俊多『バウハウス—その建築造形理念』鹿島出版会（SD選書156）1979

1-3 Keyword 5 アメリカのデザイン

図1 T型フォード 1911

図2 GM シボレー ベル・エアー 1957

魅力的なスタイル

　アメリカのデザインは、工場における熟練工が欧州に比べて少なかったために、機械化に重点が置かれました。機械化と豊富な資源によってつくられた大量の製品は、移民の受け入れによって増加した人口による消費で支えられました。これらの工業製品の形態を美的にまとめて、消費者の購買意欲を高める役割を果たしたのが、アメリカで生まれたインダストリアルデザインです。

　もっともアメリカらしいデザインの工業製品は、自動車です。T型フォード（図1）は、大量生産と大量消費を前提にヘンリー・フォード（1863-1947）が考え出した流れ作業の工程から生まれました。T型フィードは、価格を安くすることで自動車を大衆のものにしましたが、運送手段であれば良いという機能主義のデザインであったため、フォードが次々に安い自動車を送り出すと消費者に新たな欲望が生まれました。消費者の欲望は、機能からスタイルに変化したのです。この点に着目して自動車のデザインをしたのがGM（図2）であり、自動車の売れ行きはスタイルで左右されるようになりました。

　1930年代になると、デザインはスタイルが重視されるようになり、流線型が

図4　ペンシルヴァニア鉄道機関車　1939

図3　資生堂口紅　1951

生まれました。もともと流線形は空気力学に基づいたスタイルでしたが、機能とは関係なく鉛筆削りや家庭用品にまで応用されました。

ビジネスとしてのデザイン

　アメリカの代表的なデザイナーであるレイモンド・ローウィは、「口紅から機関車まで」あらゆるもの（図3、4）をデザインし、ビジネスとして成功させました。彼のデザイン手法は、MAYA（Most Advanced Yet Acceptable）といわれ、デザインは「消費者の了解」のもとに進められるべきとしました。日本では、1951（昭和26）年に日本専売公社が発注したピースのパッケージデザイン料が、当時としては破格の150万円でした。しかし、このパッケージデザインで販売は伸び、デザインがビジネスに役立つことが証明されたのです。

　戦後、アメリカのデザインは、消費者が望むものを調査し、消費者の欲求を巧みに操作して製品に反映させることに力点が置かれるようになりました。

◆ 推薦図書 ◆
レイモンド・ローウィ、藤山愛一郎訳『口紅から機関車まで』鹿島出版 1981

プロダクト（工業）デザインの歴史と近代化

Keyword 6 近代日本のデザイン

図1　トヨタ プリウス（ハイブリッドカー）2006

図2　キヤノン IXY デジタル 2000

戦後日本のデザイン

　日本のデザインは、戦後の産業復興と高度経済成長とともに発展しました。そのきっかけは、GHQへの物資供給や朝鮮特需による輸出製品の開発でした。これらのものづくりを支えた中核は、製品技術であり、製造技術でしたが、多くの技術を欧米先進諸国から導入する過程でデザインも手本としたために、輸出製品におけるデザインの模倣が問題となりました。そのため、グッドデザイン商品選定制度（Gマーク制度）が、日本オリジナルなデザイン開発を推進する方策として、1957年に通商産業省（現経済産業省）によって創立されました。

　日本の産業は、機能、性能、品質の優れた製品を安い価格で輸出することで成長し、次第に競争力をつけたために貿易摩擦を生むようになりました。そのため、日本製品は、安さだけではない新たな機能価値をつくる技術と、生活価値をつくるデザインが必要とされるようになったのです。

　自動車（図1）、デジタル機器（図2）に代表される日本の工業製品は、世界中で先端技術を生かした製品として評価され、メイド・イン・ジャパンがブランドアイデンティティとなっています。それらの日本製品に潜むものづくりの精神と

私たちの社会・産業とデザイン 1

図3
トランジスタ
ラジオ
1958

図4
トランジスタ
テレビ
1960

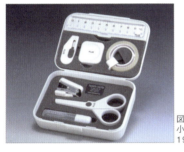
図5
小型道具セット
1984

図6
ロンドンの
MUJIショップ

文化こそ、日本オリジナルなデザインを生む背景になっています。

　例えば、日本の文化は、「軽薄短小」だといわれます。トランジスタ技術をラジオ（図3）やテレビ（図4）に詰め込み、小さく、軽くすることで日本製品のデザインは評価されてきました。この流れは、現在のデジタルカメラや文具（図5）にも継承されています。また、素材を生かした簡素でシンプルなモノを好む「侘・寂」の文化は、「無印良品」のように無駄のないものづくりをコンセプトにしたブランドをつくり、海外でも「MUJI」（図6）として評価されています。その他にも、機能を集めて複合化し、自動化・省力化することで生活者のニーズに応えるとともに、潜在的なニーズの掘り起こすものづくりが常に行われてきました。日本におけるモダンデザインの展開は、海外のデザインに学ぶことからスタートしましたが、日本の伝統文化に根ざした日本らしさを実現する技術開発とともに進展してきたといえるでしょう。

◆ 推薦図書 ◆
出原栄一『日本のデザイン運動インダストリアルデザインの系譜、増補版』ペリカン社 1992
日本インダストリアルデザイナー協会監修『ニッポン・プロダクトデザイナーの証言　50年！』美術出版社 2006

1-3 プロダクト(工業)デザインの歴史と近代化

Keyword 7 情報革命とデザイン

図2　セキュリティシステム（パナソニック）

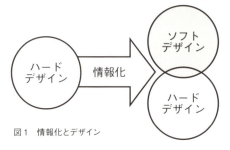

図1　情報化とデザイン

情報革命によるデザイン領域の拡大

　1980年以降のコンピュータと情報通信技術の進歩は、情報革命（IT革命）と言われ、社会と生活に劇的な変化をもたらし、デザインの領域を拡大しています。私たちが生活の中で扱う情報の量と速度は、加速度的に高まり、人やモノの移動速度に比べると何万倍、何億倍となり、地球の裏側で起きた出来事も自宅のリビングにあるテレビでほぼ同時に観ることができるようになりました。コンピュータと情報通信技術によって世界中がネットワークで結ばれ、いつでも、どこでも、だれでもがサービスを享受でき、コミュニケーションすることができるユビキタス環境が実現しつつあります。

　情報化社会では、ハード（製品）とともにソフト（情報）のデザインが重要であるとされ、ソフトのデザインが、様々な場面で求められています。例えば、膨大な情報を扱うために操作が複雑になった家電製品を、いかにして生活者が扱えるようにするかを考えることもソフトのデザインです。ゲームや実用的なアプリケーションソフトを制作する上で必要とされるインタラクションデザインやインターフェースデザインもソフトのデザインです。一方、ハードのデザインにおい

私たちの社会・産業とデザイン 1

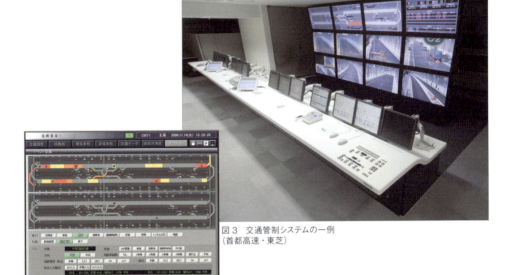

図3 交通管制システムの一例
(首都高速・東芝)

ても小型化技術が進歩し、アラン・ケイによって提案されたダイナブック（A4サイズで携帯できる無線ネットワーク化された個人情報端末）のコンセプトは、製品として実現されています。

　日常生活においてもソフトデザインは、私たちがインターネットのウェブサイトを利用して買い物をしたり、お店を探したりするときに、欲しい情報が見つけやすく、その内容がわかりやすくするために必要とされています。2000年以降、Web 2.0の導入によりインターネットは送り手と受け手に固定されたメディアではなくなり、デザインの重要性が益々高まっています。すなわち、誰でもがウェブを利用して世界に向けて情報を発信することができる双方向メディアになったからです。また、情報通信ネットワークは、カメラに代表される世界中のセンサーを結んで、セキュリティ（図2）、交通管制（図3）、防災、遠隔地医療等にも活用されています。このように、情報革命は私たちの社会と生活を変え、デザイン工学がより良い方向を指し示す必要性のある分野は拡大しています。

◆ 推薦図書 ◆
M.マクルーハン、栗原裕、河本仲聖訳『メディア論』みすず書房 1987

自習のポイント

1　手作りの時代

現在においても、職人の手によってつくられた製品に価値が見出されるのは、どのような理由からでしょうか。

2　産業革命・量業と分業

産業革命がデザインを生むきっかけとなったのは、どのような理由からでしょうか。

3　アーツ・アンド　クラフトからドイツ工作連盟

ウィリアム・モリスが目指したものづくりにおいて、大切にしようとしたのは何ですか。

4　バウハウスからウルム造形大学

バウハウスからウルム造形大学でのデザイン教育の特徴として、それまでと異なる点は何ですか。

5　アメリカのデザイン

アメリカの代表的なデザイナーであるレイモンド・ローウィのデザイン手法は、どのような考え方によるものですか。

6　近代日本のデザイン

あなたの考える日本文化が生かされた日本製品の例と、生かされている日本文化が何であるかを挙げてください。

7　情報革命とデザイン

あなたの考える情報革命によって拡大したデザイン領域と、その理由を挙げてください。

2章 様々なデザイン分野

　最近、建築物も工業製品も、個性的なデザインが目立ち始めています。すなわち、町の空間に溶け込んだ建築・公園や家庭生活を豊かにする情報家電や住宅設備、未来を予感する自動車デザインなど、様々なデザインが出現しています。また、ＩＴ化の進展にともない、エンジニアリングをベースとしたロボット、ＩＴ機器およびインターネットなどの各種サービスも普及しています。

　これら、現代のデザインについて、その社会的背景、構成する要素技術、エンジニアに求められる課題などについて基本を学びましょう。

4章
デザイン工学が切り拓く
社会と産業

2章
様々な
デザイン分野

3章
デザインを製品化する
エンジニアリング

1章
私たちの社会・産業と
デザイン

Keyword Index

Keyword	*1*	身体感覚
Keyword	*2*	仮想空間
Keyword	*3*	空間図式
Keyword	*4*	構造形態
Keyword	*5*	素材表現
Keyword	*6*	景観創出
Keyword	*7*	生活用具のデザイン
Keyword	*8*	移動機器デザイン
Keyword	*9*	自動車のデザイン
Keyword	*10*	生活家電デザイン
Keyword	*11*	AV 機器デザイン
Keyword	*12*	情報機器デザイン
Keyword	*13*	住宅設備機器デザイン
Keyword	*14*	生産加工・産業機器のデザイン
Keyword	*15*	ロボットのいる生活
Keyword	*16*	ロボットの機能と仕組み
Keyword	*17*	IT 機器のデザイン
Keyword	*18*	IT 機器の機能と仕組み
Keyword	*19*	役に立つサービス
Keyword	*20*	使いやすいサービス

2-1 現代の建築・空間デザイン

様々なデザイン分野

　現代における建築・空間デザインとは何でしょうか。多様化する価値観の中で、世の中には様々な建築があふれています。歴史的な建築ならば定まった評価や研究対象となるものでも、いま現在、生み出されつつある建築や空間のデザインの様相を正しく理解することは困難な作業と感じることもあるでしょう。それは、建築・空間デザインが単に建築家の志向性や個性的であることを求められるのではなく、社会的な課題を反映することを求められていることも一因でしょう。

　ここでは、建築・空間デザインに取り組む上で重要な要素となる課題を学んでもらいます。それは、人間本来の感覚的な要素から建築・空間デザインを考えることから、建築を構想するための表現方法や考え方、構造計画や建築を構成する素材、建築がつくり出す景観のあり方など、様々な分野での問題提起がなされています。

　ここで取り上げた各キーワードは建築の歴史においてもその時代ごとに論じられた課題ではありますが、建築に技術的な進歩や社会に果たす役割が求められる以上、建築・空間デザインを考える上で普遍的なテーマともいえます。

図1　越後松之山「森の学校」キョロロ（手塚貴晴＋手塚由比／手塚建築研究所）
図2　MIKIMOTO Ginza 2（伊東豊雄）
図3　高過庵（藤森照信）

2-1 現代の建築・空間デザイン

Keyword **1 身体感覚**

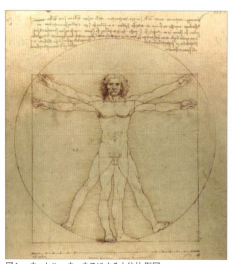

図1　ウィトルーウィウスによる人体比例図
　　（レオナルド・ダ・ヴィンチ）

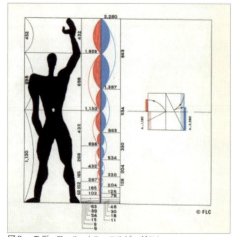

図2　モデュロール　（ル・コルビュジエ）

　古来より人の体の部位は寸法の単位として用いられ、建築空間においても高さや長さなどを測るための尺度になっていました。また、建築家のル・コルビュジエは身体寸法と黄金比を結び付けたモデュロールという建築を構成する基準の数列を提案し、彼の建築空間を構成する重要な単位として用いています。

　現在ではほとんどの場合、建築の単位はメートル法を基準に計画されていますが、人体寸法は座ったり移動するなど、人の行為から必要な寸法を理解することは重要であるため、人間工学という分野での研究がなされています。

　この人間工学の研究成果は、イスや机などの家具やキッチンや洗面カウンターなどの基準となる寸法の規格化から、それらを配置する際の人の動作との関係から必要となる空間の大きさの単位となる動作空間を理解する手掛かりを与えてくれます。さらに、近年では人が空間をどのように認知しているのか、あるいは環境が人の行為にどのような影響を与えるかなど、身体感覚と空間の関係性を探る研究が盛んになってきています。J.J.ギブソンは、「環境が動物に与える意味や価値」をアフォーダンスという概念として提唱し、空間やモノのデザインにおいて大きな影響を与えました。

　人の行為や行動を考え、アフォーダンスの視点から建築のデザインへ取り入れ

様々なデザイン分野 2

図3 横浜大桟橋国際旅客ターミナル（FOA）

図4 横浜大桟橋国際旅客ターミナル（FOA）

図5 ふじようちえん（手塚貴晴＋手塚由比）

図6 ふじようちえん（手塚貴晴＋手塚由比）

た例として「横浜港大桟橋国際ターミナル」や「ふじようちえん」が挙げられます。横浜大桟橋は人工的に高低差のある地形をつくり、緩やかな坂道を下っていくと施設の内部へ導かれるような動線計画を行っています。また、「ふじようちえん」には一般的な遊具はありませんが、建築自体やそれを取り巻く環境が遊具となり、園児たちは遊び方を見つけて遊ぶのです。このように人が環境からどのような情報を得て、どのような行為や行動が行われるかを予測することは、建築デザインの重要な課題となっています。

　また、文化・言語の違い、年齢や性別の差異、身体的障害の如何にかかわらずに利用が可能な施設やものを「ユニバーサルデザイン」と呼ぶデザイン手法があります。これも人の認知や身体感覚を考慮したデザインの一つですが、デザインの対象者を障害者に限定しない点が「バリアフリー」とは異なります。いずれにしろ、現在は見た目とともに人に優しいデザインのあり方が求められています。

◆ 推薦図書 ◆
高橋鷹志＋チームEBS編　「環境行動のデータファイル」彰国社、渡辺秀俊編　「インテリア計画の知識」彰国社

2-1 現代の建築・空間デザイン

Keyword 2 仮想空間

図1 ニュートン記念堂(エティエンヌ・ルイ・ブレ)

図2 関西国際空港(レンゾ・ピアノ)

　建築や都市計画は実物大でデザインを行うことが困難であるため、図面の尺度(スケール)は一般的に実物よりも小さい縮尺を用いて表現します。縮尺は1/100、1/50などその図面が必要とする情報の尺度で描かれ、人間の活動や空間の機能性を考慮しながら設計を進めていきます。しかし、図面は2次元的な情報であるため、デザインプロセスとして模型を作成したり、透視図(パース)を描いたりしながら3次元的な検討を行うことが一般的です。

　このようなデザインプロセスの中で、かつては図面や透視図が手描きで行われていましたが、現代ではCAD(キャド、英:Computer Aided Design)と呼ばれるコンピュータによる設計、製図が行われています。このCADの導入は製図の効率化を図るとともに、データを共有することで複数の人が図面作成にかかわることを可能としました。また、デザインプロセスにコンピュータを導入することで、作業の効率化のみならず、3次元的なCG(Computer Graphics)の作成や構造解析などの形態や空間にかかわるシミュレーションから、室内の熱や音などの環境予測や火災時の避難や渋滞などの交通量予測など建築や都市が実際にできた場合のシ

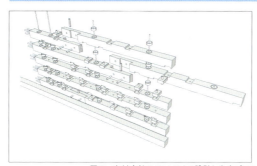 

図3　木材会館のBIMによる設計と生産プロセス（日建設計「追掛大栓継手詳細図」）

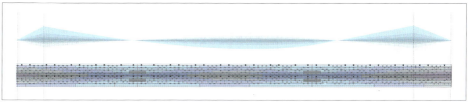

図4　木材会館の継ぎ手加工による木材梁の検討（日建設計「継ぎ手加工されたホールの木材梁（縮尺：1/160）」）

ミュレーションを行うことを容易にしました。

　建築の設計は通常チームを組んで行われます。CADによって設計を行うことの利点は、このチームの構成メンバーが国内外問わず図面データの共有化によってどこでも作業することが可能になったことが挙げられます。極端な例でいえば、模型など一切つくらず全てをCAD上での空間シミュレーションによる設計を行うことが可能となり、デザイン手法にコンピュータは影響を与えています。さらに近年では、BIM（ビルディングインフォメーションモデリング）と呼ばれる設計手法が導入されています。これは図面データに形状、空間の関係、地理情報、数量、建物要素(例えば製品情報など)を含み、建築の設計時のデータがそのまま、建築材料の生産、建設工程および施設管理を含む、建物のライフサイクル全体を表現することが可能なため、従来のCAD手法と比べて飛躍的な変化が期待できます。

　これらコンピュータがつくり出す仮想空間は、建築家にとって新たなデザインを生み出すための重要な意味を持ってきています。

2-1 現代の建築・空間デザイン

Keyword 3 空間図式

図1 富弘美術館 （ヨコミゾマコト）

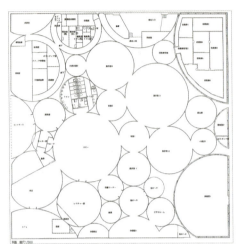

図2 富弘美術館平面図 （ヨコミゾマコト）

　建築家は、抽象的なイメージと具体的なイメージが交差しながら実現可能な建築空間の構想を固めていきます。抽象的なイメージは幾何学的な形態であったり、風景を形作るものであったりします。歴史的な建造物でも幾何学的な形態や平面的な構成による建築がつくられています。

　このように建築を抽象化しイメージする作業は、建築の機能的整合性、構造計画、設備計画、仕上げ素材の選択など様々なプロセスを経て計画する上で、最も基本的で重要なコンセプトを形作る作業となります。しかし、現代における建築では空間図式は単なる空間の幾何学的構成や平面的な関係性のみを表現するものではなくなっています。空間図式では建築が建てられる環境の分析や空間と空間の関係性から、そこで行われる人の行為や感覚を表象するものとなっています。

　例えばヨコミゾマコトは、富弘美術館で1辺52mの正方形の中に大小の円形が泡のようにつながった建築を提案しています。円形の空間と空間がそれぞれ接しているので廊下が無く、展示室も自由に選択し回遊することができます。ここでは連続する円形の空間のイメージとともに、方向感覚を惑わせつつ、選択性の

様々なデザイン分野 2

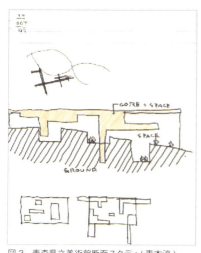

図3　青森県立美術館断面スタディ(青木淳)　　図4　青森県立美術館(青木淳)

ある回遊性によって新たな展示空間のあり方を提案しています。

　空間図式は平面的な建築のコンセプトを表現するだけではありません。むしろ断面的な空間図式のコンセプトを表現することに有効な場合があります。

　青木淳の青森県立美術館では、隣接する三内丸山遺跡の凸凹のトレンチとホワイトキューブとしての美術館の凸凹の組み合せをイメージした空間図式を提案しています。これによって大地を掘り込んだイメージの土の展示室と従来の美術館のイメージであるホワイトキューブの対比をつくり出しています。

　空間図式はこのように建築の初期のイメージコンセプトを形作っていきますが、建築を使用する人がどのように使用するのかを考慮しながら設計を進めていく必要が生じます。この建築がそれぞれの用途に機能的に対応するように計画することを学ぶ分野が「建築計画」です。建築計画では住宅から病院など専門性の高い建築などの施設計画や人と空間の関係などを学ぶことができます。

◆ 推薦図書 ◆
長澤　泰、在塚礼子、西出和彦　「建築計画」市谷出版社

2-1 現代の建築・空間デザイン

Keyword 4 **構造形態**

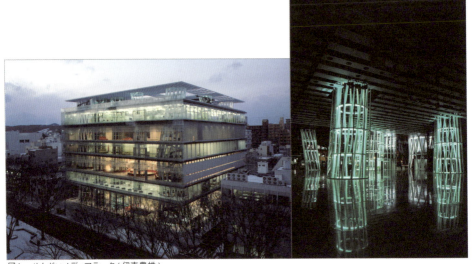

図1　せんだいメディアテーク(伊東豊雄)

　構造は、建築の空間構成要素の中で安全性や使用性を力学的な面から検証する分野です。一般的な構造システムとしては木造を始め、鉄筋コンクリート造、鉄骨造などがあり、梁、柱、壁などで構成された力学的要素を指します。

　現代の建築では、このような従来の構造システムに変わり、構造システム自体が空間自体をデザインするものと、空間から構造システムを感じさせない建築デザインが生まれています。このような建築デザインは建築設計の初期の段階から建築家と構造エンジニアがコラボレーションすること（空間イメージを共有）、新しい構造システムのための複雑な構造計算がコンピュータを用いること(技術革新)で可能となりました。

　これは建築デザインを考える上で、従来の幾何学的な発想やグリッドパターンなどの基本的な要素の組み合わせによる設計手法に加えて、より柔軟で自由な発想の建築が安全性を損なうことなくデザインすることが可能になったことを意味します。しかし高度に専門性が進んだ現代建築において、構造デザインを主体とした設計手法のためには建築家に構造的な感覚が求められ、構造エンジニアにはデザイン的感性が求められることになります。

　伝統的な木造建築や組石造建築でも長年にわたる職人の経験や知恵によって構

様々なデザイン分野

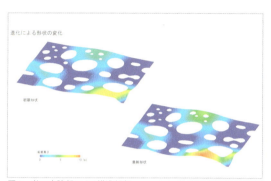

図2 佐々木睦朗による構造解析

図3 EPFL ラーニングセンタ (SANAA)

造システム自体が空間をつくり上げてきました。それに変わって現代ではコンピュータによる構造解析が進み、構造応力も視覚的なシミュレーションによって検討することで、新しい構造形態を創造することが可能となっています。

　一例を挙げると、構造家の佐々木睦朗は、自由曲面でできたシェルの形態解析を感度解析という手法で行っています。いままでは自由な曲面は構造的なバランスを取ることが難しいこととされていましたが、この感度解析という手法は、構造物の力学的なゆがみが最小となるような曲面の形態を修正していくことで、構造的に安定した形態を解析する手法です。

　このような高度な構造解析によって建築の空間自体を形作る構造形態がある一方で、より薄く、より細い構造材により建築空間が軽快な印象を与える構造形態もあります。どのような建築空間を目指すのかは、建築家と構造エンジニアが共有するイメージを持ち、その実現に協働することが重要になっています。

◆ 推薦図書 ◆
佐々木睦朗 「FLUX STRUCTURE」TOTO出版
セシル・バルモンド著　金田充弘 監修／山形浩生 訳 『インフォーマル』 TOTO出版

2-1 現代の建築・空間デザイン

Keyword 5 素材表現

図1 秋野不矩美術館 (藤森照信)

図2 積層の家 (大谷弘明)

　鉄、アルミニウム、ガラス、コンクリートは、20世紀の建築を象徴する素材といっても良いでしょう。これは大量生産する上で合理的で経済的な素材といわれています。それに比べて木、石、土といった伝統的な自然素材は近代建築の主要な素材表現として用いられることが少なくなっていました。
　しかし近年、自然志向や環境問題への意識が高まり、この様な自然素材に対する再評価の機運が高まってきています。また、伝統的な素材の用い方ではなく、その素材の特徴を生かし、新しい素材表現を試みた建築が増えてきています。
　藤森照信は、土壁や焼き杉など伝統的な素材を用いながらも、新しい表現方法を試みています。秋野不矩美術館においても藤森の個性的な造形感覚に加え、独特の素材表現によって伝統的な土壁と杉板などの素材を用いながらも新しい建築表現を提示しています。大谷弘明の積層の家は、新たなコンクリートの空間表現を試みています。断面が5cm×18cmの細長いプレキャストコンクリートを校倉造のように積み上げ、隙間には積層ガラスや階段、棚などを挟み込み、空間との一体化を図っています。繊細な印象を与える素材表現は、マッシブなイメージのあるコンクリートとは異なった表現の可能性を示唆しています。

様々なデザイン分野 2

図3　セルフリッジズ百貨店(フューチャーシステムズ)

図4　カーテンウォールの家(坂　茂)

　一方で、いままで建築の素材として用いられなかったものを積極的に用いることで新しい表現を試みる建築も現れています。このような傾向は近代建築にも見られましたが、近年益々多様化する建築デザインの中でも、素材表現を重視する建築家たちによって顕著になってきています。
　フューチャーシステムズのセルフブリッジズ百貨店では、青いスタッコで覆われた外壁に15,000個の陽極酸化アルミニウムのディスクを散りばめ、メタリックな鱗のような効果によって近未来的な表現を行っています。
　坂茂のカーテンウォールの家は、通常室内に用いるカーテンを外部に使い、プライバシーや気候、季節の変化に対して住民がカーテンの開閉によってコントロールすることを意図して設計しています。
　どのような素材を選択して建築をデザインするかということは、表現の問題とともに建築自体のコンセプトともつながる重要な要素となってきています。

◆ 推薦図書 ◆
『ＧＡ素材空間シリーズ』A.D.Aエディタトウキョウ

2-1 現代の建築・空間デザイン

Keyword 6 景観創出

図1　犬島アートプロジェクト「精錬所」景観
(設計：三分一博志)

図2　犬島アートプロジェクト「精錬所」
(設計：三分一博志)
(アート：柳幸典「ヒーロー乾電池」(2008))

　いつも見慣れている風景に突如新しい建築ができ上がって景観が一変することがあります。これは建築が建築を所有する人のものだけではなく、その存在自体が社会性を持っていることを意味します。ヨーロッパの都市では、その景観を守るために法的な規制が厳しいところもあります。このような伝統的な街並みでは外観や素材や色などが景観的に統一され、心地よく感じる場合があります。

　一方無秩序な街並みが多い我が国でも、2005年に景観法が制定され、景観に対する意識が益々高まってきています。このような社会的な要求から建築家も街並みや景観を意識した設計が求められてきています。

　また近年では、環境問題の意識向上とともに、使われなくなった古い建築が社会的なストックとして活用されるケースも増えてきています。伝統的な建築だけではなく、廃校となった小学校や近代遺産などの活用方法が模索されています。

　三分一博志は犬島アートプロジェクトの一環で、100年前の近代化産業遺産である精錬所をアートの場として再生した美術館を設計しています（アート：柳幸典）。また景観保存のみではなく、島の地形や既存の近代化産業遺産(煙突)を利用し、設備的にも周囲の環境にできるだけ負荷を与えない環境に配慮した施設と

様々なデザイン分野 2

図3　モエレ沼公園　(施主:札幌市　マスタープラン:イサム・ノグチ、設計統括:アーキテクト5)

なっています。

　公園や広場など緑地や地形を利用した景観はランドスケープデザイナーや造園家がつくり出しています。しかし場合によっては、彼らと協働して建築家は景観をデザインすることがあります。

　建築事務所のアーキテクト・ファイブは彫刻家のイサム・ノグチをサポートしながら、モエレ沼公園のマスタープランを計画しています。その後イサム・ノグチの死去にともない、アーキテクト・ファイブが設計統括を行い、2005年に完成しました。2003年にはイサム・ノグチ財団による監修のもと、市民による「モエレ沼公園の活用を考える会（モエレ・ファン・クラブ）」が結成され、積極的に公園の活用に参加するようになっています。

　このような建築家の専門性を活かしたかかわり方や、市民運動など景観に対しての意識向上に伴う景観デザインに対する参加のあり方はまちづくりや景観保存などの有効な手法として取り入れられています。

◆ 推薦図書 ◆
日本建築学会編　『景観法と景観まちづくり』学芸出版社

自習のポイント

1　身体感覚
私たちは普段の生活の中で様々な行為や行動を無意識のうちに行っています。「座る」という行為に着目し、身の回りの人が、どのような場所や姿勢で座っているのか観察し、分析してみましょう。

2　仮想空間
ヴァーチャルリアリティという言葉があります。この言葉の意味を調べて、建築デザインにどのように使われることが可能か考えてみましょう。

3　空間図式
建築を理解する方法の一つとして、空間の関係性を簡略化した図式にすることがあげられます。身近な建築や有名な建築などの空間を実際に見たときや、本で建築の図面や写真を見るときは空間の関係性を簡略化して描いてみましょう。

4　構造形態
屋根や柱などを構造的なアイディアでデザインしている建築があります。構造の種類や構造を用いたデザインはどのようなものがあるのか、文献で調べてみましょう。

5　素材表現
建築のデザインは同じ様な形態でも仕上げの素材によって印象が変わります。使われる素材の種類やその特徴を文献で調べてみましょう。

6　景観創出
景観的な規制によって街並みが統一されている町があります。景観を守るための具体的な規制にはどのようなものがあるのか調べてみましょう。

2-2 現在のプロダクトデザイン

様々なデザイン分野

数千点の様々な製品と共に営まれる生活

　私たちの生活には様々な製品が利用され、便利で豊かな生活が営まれています。日本の家庭は世界で最も多くの製品を保有しているといわれています。皆さんの身の回りには、生活用品・家電製品・IT製品・住宅設備・交通機器など2000点以上の膨大な製品があり、プロダクトデザインに囲まれて生活が営まれています。

　下の図は現在のプロダクトデザインを分類した図です。大きいものから小さいもの、単純なものから複雑なものまで多様です。これら生活を豊かにしてくれる製品はどんなに小さなものでも、誰かがデザインし、生産・流通にかかわる多くの人の手を経て、皆さんの日々の暮らしの中にあるのです。そしてプロダクトデザインの主役はそれを利用する読者の皆さんです。プロダクトデザインとはどのようなものかを、大きく分類して学びましょう。

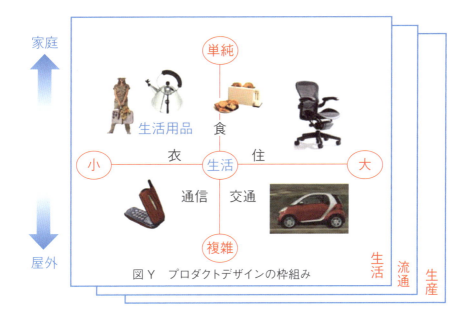

図Y　プロダクトデザインの枠組み

2 2 現在のプロダクトデザイン

Keyword 1 生活用具のデザイン

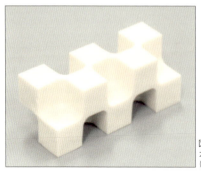

図1
カドケシ
(コクヨ)

図2
一輪挿し
(アッシュ
コンセプト)

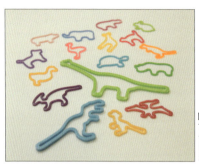

図3
アニマル
ラバーバンド
(アッシュ
コンセプト)

図4
ティッシュスタンド
(岩谷マテリアル)

日常生活の中に利用される便利な生活用品

　皆さんの机の上や、部屋の周りを見てください。消しゴム(図1)・一輪刺し(図2)・輪ゴム(図3)・ティッシュ(図4)・など色々なものがあることに気づきます。これらシンプルで小さな日用品は生活用具(生活雑貨)と呼ばれています。生活用具は日頃なにげなく使っていますが、いざというときにそれが無いととても困るような身近なものが多いです。現在、生活用具の市場は、人々のデザイン志向にともない、非常に活気があります。図1はブロックの形をした消しゴムです。角がたくさんあることで、細かい部分が消しやすいという機能が、そのまま外観の意匠を特徴づけている、グッドデザインです。図2は根っこの形をした一輪刺しです。本来の植物の姿をイメージさせるユニークな形状です。図3は動物の形をした輪ゴムです。このかわいい輪ゴムだったら楽しく大切に使えそうです。ここに紹介する日常使われる文具、キッチン用品(図5、6、7)、家具(図8)などは代表的なデザイン例ですが、他にもユニークな形で機能や使われ方が工夫さ

図5
ヤカン
(アレッシー)

図6
レモン搾り器
(アレッシー)

図7
醤油指し
(白山陶器)

図8
バタフライチェア
(天童木工)

れたグッドデザイン製品が多数あります。生活用具は内部に複雑な機能が入っていない、シンプルな構成のものが多いですが、そのデザインを行うことは簡単ではありません。シンプルだからこそ、形状や素材自体に機能や意味を持たせる必要があり、ごまかしが効かない難しさがあります。「ありそうでなかった！」「こんなものがほしかった！」と思ってもらえるような要素が必要です。最近では、素材や成形技術の進化にともなって多様化に拍車がかかっています。シリコンなどの手触りの良いものや、透明感のあるもの、光や、香りなど五感に訴える魅力的な商品も発売されてきています。また、漆や和紙、木工細工など伝統的な素材や製法を見直す動きもあります。さらにエコロジー素材の使用や、ユニバーサルデザイン設計など様々なアプローチが生活用具に導入されてきています。生活用具のデザインは意匠がそのまま機能に反映されるので、容易に真似される危険性があります。生活用具に限らず、すべての分野において新規性のある技術や意匠は特許出願や意匠出願などで、創作者の権利を守る事が必要です。

2-2 現在のプロダクトデザイン

Keyword 2 移動機器デザイン

図1　馬

図2　自転車

図3　新幹線

図4　SEGWEY

人の生活は移動機器により支えられています

　人は移動するとき、自ら歩くか牛馬を利用した時代が約200年前まで続きました。重い荷物を運ぶことは大変辛いことですが、この辛い運搬を助けるために荷車が発明されました。車という漢字は荷車の車輪と車軸を上から見た象形文字です。初め荷車は人が牽引していましたが、やがて人の代わりに牛馬が牽引する馬車へと進歩します（図1）。そして人の移動を助けるために、前後に車輪を配する自転車（図2）が発明されました。さらにゴムチューブタイヤによる軽量化と乗り心地の改善が図られ、牽引する動力も牛馬に代わって、蒸気機関やレシプロエンジンや電気モーターなどを動力とする現在の乗用車・公共のバス・トラック、さらに鉄道を走る汽車、超高速で走る新幹線（図3）へと発展します。そして現在では、電気モーターにより駆動する個人移動のSEGWEY（図4）・モーターバイク・スクーター、乗用車とバス、超特急の新幹線などが暮らしの足として利用されています。日本の交通機器技術水準はトップクラスにあり、新幹線は世界

様々なデザイン分野

図5　豪華客船

図6　タンカー

図7　旅客機

図8　ヘリコプター

一安全な超高速の列車として評価されていますし、乗用車は質量ともに世界一となっています。そのデザインは世界をリードする位置づけにあり、様々な国に輸出され、世界の人々に愛用され、そして日本の経済を支えているのです。

　日本は島国で周囲を海に囲まれた国です。陸上交通に加え、海と空の交通は私たちの生活には不可欠なものとなっています。生活に必要な農産物や商品、産業に必要な石油や鉄鋼など重く大きな資材の運搬には、船無くして成り立ちません。そして遠くの国々に迅速に物が輸送でき、そして仕事で海外に出張したり、楽しい旅行ができる飛行機は現代生活には無くてはならないものになりました。国際化時代にあって貿易立国日本は、諸外国との交易や交流のために、船と航空機無しに生活はできないのです。地球規模の陸上・海上・航空の世界を自由に快適に行き来するために、交通機器のデザインは最先端技術を用いた、創造性が発揮できる領域といえましょう。未来の乗り物はそのデザイナーを目指す皆さんの夢と努力にかかっているのです。

2-2 現在のプロダクトデザイン

Keyword 3 自動車のデザイン

図1　2008年　東京モーターショーより

華やかで様々な自動車デザイン

　道路には様々なデザインの車があふれるように走っています。上の図は2008年の東京モーターショーに出展されたモデルの一部です。市販車を始め、コンセプトカーやアドバンスカーのデザインモデルが展示されています。モーターショーを見学に行ったら是非アドバンスカーを見てください。企業が考える将来の自動車が目指す方向を知ることができます。そして将来の市販車のデザインはコンセプトカーやアドバンスカーの方向に向かって変更されることを示しているのです。モーターショーのアドバンスカー・コンセプトカーに提案されているように、地球温暖化や大気汚染などの環境問題、急速なガソリンの高騰などエネルギー問題、現在この二つの課題を中心に、様々なモデルが提案されています。自動車はハイブリット車や電気自動車が将来の潮流になることは明らかです。私たち世界の生活は気候・地理・文化・経済力など多様です。新しく大きく変動する市場や時代環境にきめ細かに対応する、多様な自動車のデザインが開発され、皆さんがその新しい自動車に乗ってドライブを楽しむようになることが予想されます。

①デザインコンセプト

②エクステリアスケッチ

④CAD 映像検討

⑥クレーモデリング

❶企画構想段階　❷アイディア展開階段　❸モデル造形段階　❹試作生産段階

③インテリアスケッチ

⑤CAD モニター画面による検討

⑦プロトタイプ完成

図2　自動車デザインの開発プロセス（三菱自動車）

自動車デザイン開発のプロセス

　自動車のデザインのプロセスを紹介します。上の図に示すように、自動車デザイン開発は大きく四つの段階、❶企画構想段階、❷アイデア展開段階、❸モデル段階、❹試作生産化段階で進められます。自動車企業のデザイナーは将来の企画構想を練り①、スケッチ描き②③、モニター画面上で図面を描き④⑤、さらに1/1モデルをつくり⑥、プロトタイプ（試作車）⑦が完成します。さらに各種試験、量産など多くのプロセスを経て、デザイナーが夢に描いた自動車を実際に走る自動車として開発するのです。自動車デザイン開発には、三つの特徴があります。1）デザイン対象部品の多さ（数百点）、2）長期プロジェクト開発（約1年半～3年）、3）市場の多様性。これら三つの特徴から、検討しなくてはならないことが多数あり、各項目を検討・解決しながらデザイン開発が進められます。華やかな自動車デザインの背景に、問題を解決し、アイディアを探求する地道な努力があるのです。

2-2 現在のプロダクトデザイン

Keyword 4 生活家電デザイン

図1 洗濯機

図2 掃除機

生活を快適に豊かにするデザイン

　私たちの家庭生活は、重労働を軽減したり、時間を節約したり、快適な環境をつくるための多くの家庭用電気製品によって成り立っています。機器の電化と作業のシステム化による労働軽減は、現在の生活家電においても重要な解決すべき課題の一つです。加えて、求められているのは、人にやさしいユニバーサルデザインと環境にやさしいエコデザインです。そして、毎日の生活で使用する機器として、生活者が心地よく使いたくなるエモーショナルなデザインが注目されています。これらの生活家電は、大きく家事機器、調理機器、空調機器に分けることができます。

家事機器

　洗濯機、掃除機、衣類乾燥機、アイロン、食器洗い乾燥機などを家事機器といいます。これらの機器が行う作業は、モノや空間をきれいにすることですが、現在でも重労働であり時間を必要とします。そのため、楽にきれいにすることができるかが求められる機器です。これらの機器のデザインには、人間工学や生活研究を基礎にして導き出された使いやすさを製品で実現することが求められます。

2 様々なデザイン分野

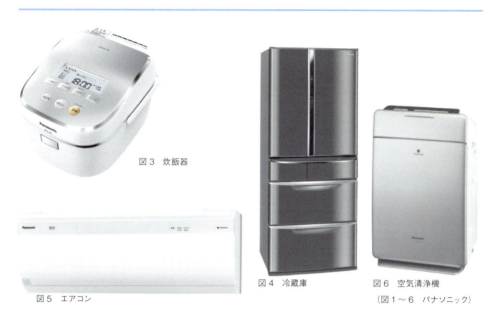

図3 炊飯器
図4 冷蔵庫
図5 エアコン
図6 空気清浄機
(図1〜6 パナソニック)

調理機器

　冷蔵庫、炊飯器、電子レンジ、ホットプレート、ミキサーなどは調理を行うための機器です。家事機器との違いは、労働軽減だけでなく、より美味しい料理をつくるための工夫が求められます。また、都市生活での安全性、快適性を求めてIH調理機器も普及しつつあります。食にかかわる道具、機器は、食文化によるところが大きく、地域性、民族性が機器の機能とデザインに影響します。

空調機器

　扇風機、エアコン、暖房器具、空気清浄機、除湿機、加湿機などは、住空間を快適にするための機器です。人が都市に集中し、住宅もオフィスも高層化と密集化したために、自然に影響されない人工的な快適環境を実現するために必要になった機器です。最近では除菌やイオンを発生させることによる衛生機能が付加されたものもあり、デザインには清潔感を表現することが求められています。

◆ 推薦図書 ◆
『松下のかたち』アクシス、2000

2.2 現在のプロダクトデザイン
Keyword 5　ＡＶ機器デザイン

図1　家具調ステレオ「飛鳥」

図2　ソニー「ウォークマン」1号機

音と映像を楽しむためのデザイン

　日本におけるラジオ放送は、1925（大正14）年3月22日に始まり、テレビ放送も、1953（昭和28）年2月1日に始まりました。テレビ受像機もラジオ受信機も放送局から送られてくる番組を受信して楽しむ機器です。これらに対してレコードプレーヤー、CDプレーヤー、そしてiPodに代表されるデジタルプレーヤーは、音楽や映画を録音録画したメディアを再生して楽しむ機器です。これらを総称してAV機器（AVのAはAudio：音響、VはVisual：映像）といいます。

　Aの代表であるステレオは、娯楽性の高い機器として進化してきました。そのため、より良い音を再現するとともに、生活の中で楽しめる機器としてのデザインが求められてきました。初期のステレオは、コンサートホールの臨場感を家庭で楽しむことが主たる目的であったため、豪華な家具調デザイン（図1）が受け入れられました。次に、オーディオマニアといわれるスペックを追求するユーザーが現れ、コンポーネントスタイルのデザインが評価されました。そして、若者のライフスタイルの変化とともに、音楽を身に付けて持ち歩くスタイルとしてウォークマン（図2）が誕生しました。

様々なデザイン分野 2

図3　テレビ受像機（パナソニック　ビエラ）

図4　ワンセグ携帯電話（シャープ）

　Vの代表であるテレビ受像機（図3）は、放送番組が無くては機能しません。そこに現れたのがビデオデッキです。放送番組を録画することにより放送時間の拘束から視聴者を開放しました。レンタルビデオショップの出現によって、家庭でも映画を楽しむことが可能になりました。関連する機器が出現すると複合機が現れます。テレビとビデオで「テレビデオ」です。複合機は価格が安く、操作も簡単になりますが、生活者の要望に合わない面も出てきます。例えば、「ビデオデッキはそのままで大画面のテレビが欲しい」といったことが起きます。

　テレビ受像機は、表示デバイスの薄型化と大画面化が進んでいますが、一方で、テレビ機能は、携帯電話（図4）や電子辞書にも付いてきています。これらの変化は、技術進化とユーザーの生活スタイルの変化によって起こるもので、機器デザインの形態に大きな影響を与えます。AV機器デザインには、新たなライフスタイルとともに機器のデザインを提案することが求められています。

◆ 推薦図書 ◆
『松下のかたち』アクシス　2000
ポール・クンケル『デジタル・ドリーム　ソニーデザインセンターのすべて』アクシス 1999

2-2 現在のプロダクトデザイン

Keyword 6 情報機器デザイン

図1 Apple DynaMac

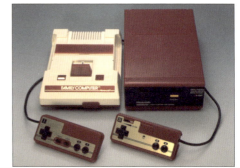

図2 任天堂ファミコン

情報機器デザインが生活シーンを変える

　20世紀後半の社会と生活を大きく変えたのは、コンピュータの発明と進化です。例えば、自動車は安全快適な運転を実現するために、エンジンコントロールユニット(Engine Control Unit : ECU)といわれるコンピュータを搭載していますし、炊飯器は美味しいご飯の炊き加減をコントロールするためにマイコンを内蔵しています。これらは熟練した人間の能力を誰でもができるようにしたモノです。すなわち、身の回りのモノ全てが情報機器ともいえますが、ここでは、人間にはできない情報処理能力を持った機器とします。代表的なものとしては、パソコン（図1）、ゲーム機器（図2）、携帯電話、カーナビ、電子辞書などです。

　アルト（ALTO）は、画面の表示方法やキーボードとマウスによる入力方法などのアイデアを実現し、マッキントッシュが、この考え方を製品化しました。コンピュータは小型軽量化され、ワープロやインターネットといった生活にかかわるアプリケーションを内蔵したことでパーソナルなものになりました。パソコンは生活の様々な場面で使用されるようになり、タフな使用に耐えるノートパソコン（図3）からウェアラブルまで多くの使用シーンが提案されています。

様々なデザイン分野 2

図3　堅牢なノートパソコン（パナソニック）

図4　ナビゲーション車両装着

　携帯電話は、1990年代になって普及が始まり、2000年には第三世代となってテレビ電話も可能になりました。その間、着信メロディは音から音楽になり、画面も大型化、カラー化、高精細度化が進み、カメラも付いて、メールからインターネットのウェブ検索まで可能になりました。現在では電子決済から定期券の役割も果たすことができ、外出時に忘れることのできないものになっています。

　カーナビゲーション（図4）は、米国の軍事用システムであるGPS（Global Positioning System）と車速パルス、ジャイロによって、現在の位置と進む方向、速度を地図上に表すことで、自動車を安全に快適に最短の時間で移動させるものです。機器としては車室内に取り付けるための工夫とマッチした形態、安全運転を支える操作性をデザインする必要があります。

　情報機器の拡大と進化はデザインの領域を広げ、機器として魅力的な外観デザインとともに、使いやすい画面インターフェース、魅力的なアプリケーションの開発にもデザインが必要とされています。

◆ 推薦図書 ◆
鶴田厚、柏木博、吉見俊哉編『情報化社会の文化3　デザインテクノロジー市場』東京大学出版会 1998

2.2 現在のプロダクトデザイン

Keyword 7 住宅設備機器デザイン

図1　左：ガスレンジ　中央：照明操作部と床暖房操作部　右：浴室暖房乾燥機操作部

図2
セキュリティー
インターホン

図3
ビルトインエアコン
と間接照明

住宅の価値を高める器具

　私たちは、自分の家に住み、食事、排泄、入浴、睡眠をとり、明日の活動に備えます。住宅設備とは、このような人間の基本的活動を快適に行えるように、住宅に設置された器具のことをいいます。広義では建具や家具、家電、外装も含みますが、ここでは特に、住宅に接続された器具類を紹介します。

　住宅設備の最も重要な役割は、人間活動の源となる、空気・光・水・電気・ガスを快適に使えるように操ることにあります（図1）。空気の流れや温度、湿度をコントロールする機器としてはエアコン、換気扇などがあり、また光では照明器具があります。水や電気やガスは供給先から配管や配線を通して送られ、水栓金具や電気機器、ガス機器を経て使うことができます。設備機器で扱う水・電気は特に身近なエネルギーですが、地球温暖化対策として、使いすぎを改めようという動きがあり、そうした配慮のされた、節電、節水器具類が推奨されています。他にも最近では、セキュリティー（図2）や、ITネットワーク、家庭用自己発電機なども重要な住宅設備として位置づけられています。住宅設備は、ビルトインタイプ（図3）と呼ばれ、建築に組み込まれた、見えないものもありますが、住

様々なデザイン分野 2

図4 左：スイッチ式水栓　　　右：自動水栓
　　（TOTO『スプリノ』カタログ　（TOTO『レストルーム』カタログ
　　（09.08）より）　　　　　　（09.11）より）

図5
家族をコミュニケーションできるオープンキッチン
（TOTO『スプリノ』カタログより）

図6　TVや音楽が楽しめる浴室
　　（TOTO『スプリノ』カタログ
　　（09.08）より）

居の真の心地よさをつくる、影の立役者として重要な要素です。

　身近な設備機器として水回り機器の説明をしましょう。水回り設備は、健康で清潔な暮らしを行うためにとても重要な役割をしており、キッチン、浴槽、洗面台、便器、そしてそれぞれに取り付けられた水栓金具があります。水栓金具は、誰もが使いやすいことが求められ、表示やハンドルの形状で、自然に使い方がわかる工夫が必要です。最新のキッチンや浴室にはスイッチを押すと水が出るものがあり、使いやすさを高めています（図4）。水回りの設備は肌が直接触れることが多いので、けがや事故には細心の配慮が必要です。

　節水、省エネルギーが重要視されている今日では、水量を減らしても、使い心地のよいシャワーや、閉め忘れなどの無駄な吐水をなくす自動水栓、お風呂のお湯を沸かし直さなくても長い時間保温できる浴槽などがあります。

　このように水回り設備は、使い勝手の向上や省エネルギーを高めた商品が増えてきていますが、最近はそれだけでなく、家族とのコミュニケーションを行いやすいオープンキッチンや、照明がコントロールできたり、TVや音楽が鑑賞できる浴室など（図6）、精神的かつ、生理的な快適さに、様々な工夫がされています。

2-2 現在のプロダクトデザイン

Keyword 8 生産加工・産業機器のデザイン

図1　プレス機

図2　熟練者による機械加工

図3　樹脂射出成型器

図4　情報技術による自動加工

図5　ロボット技術が機械を変革

デザイン製品をつくり出す機械―機械とITとの融合

　製品がデザインされると、製作図面・スペックにもとづき部品を加工し、組み立て完成する必要があります。製品を効率よく高品質な製品をつくるために、様々な製造機器が開発されています。製品の部品をつくるために、素材（金属や樹脂など）をまず目的に応じて切削・プレス成形など機械加工機による加工が必要です（図1）。各加工機は熟練工員により操作され（図2）安定した品質が量産されています。近年熟練者に替わりコンピュータ制御による自動精密加工機が生産工場には多数導入されています（図3）。これは機械と情報技術（IT）が融合したいわゆるメカトロニクス・ロボット技術（図5）の応用なのです。この新しい領域は今後最も発展可能なデザイン工学の重要な領域となることが予測されます。近代的な工場では目的に応じ大小様々な、これら加工機が適材適所に配備され利用されています。生産加工機・産業機器を機能的で、使いやすいものにするために、デザイン工学の考え方や技術が生かされるのです。

様々なデザイン分野 2

図6　ベルトコンベア

図7　回転寿司

図8　ブルトーザー

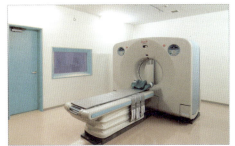
図9　医療機器

　加工機によりつくられた部品は、完成された製品に組み立てる必要があります。複数の部品を組み立てる一連の行程を生産ラインと呼んでいます。生産ラインにはベルトコンベアー（図6）が用いられ、部品は流れ作業により次々にボルトやビス、溶接などで取り付けられます。さらに塗装や仕上げ工程を経て商品として完成し、検査され梱包され出荷されます。近頃はやりの回転寿司は日本の生産ライン技術の象徴といえましょう(図7)。

　近年の進んだ組み立てラインには、ボルト組み付け、塗装、溶接工程で作業者の代わりにロボットが黙々と稼働しています。産業機器のデザインにはそのほかに、フォークリフト、ブルトーザー(図8)、クレーンなど重量物の移動や特殊な作業をする重機もその対象となっています。加えて医療機器（図9）なども今後デザイン工学に拓かれた新しい領域と思われます。以上デザイン製品をつくり出すための生産加工・産業機器は今後新しいデザイン工学の領域として重要な位置づけとなると予測されます。

自習のポイント

1 **生活用具のデザイン**
あなたの生活用具の中で、愛用している製品を一つ挙げ、その機能と形について述べなさい。

2 **移動機器デザイン**
あなたが最近の1ヶ月間に利用した移動機器について思い出し、自転車・バス・電車・飛行機など種類別に、およその利用時間と距離を一覧表にし、そのデータから円グラフ（比率）を作成してください。

3 **自動車のデザイン**
自動車デザインはどのようなプロセスで進められるか概要を述べてください。

4 **生活家電デザイン**
生活者は現在の生活家電のデザインに何を求めているのでしょうか。

5 **AV 機器デザイン**
生活家電と AV 機器のデザインで最も異なるユーザーの視点はなんでしょうか。

6 **情報機器デザイン**
あなたの考える情報機器デザインに必要とされるユーザーの視点はなんですか。

7 **住宅設備機器デザイン**
住宅を心地よいものにするために重要な要素を三つ挙げ、それぞれ簡潔に説明してください。

8 **生産加工・産業機器のデザイン**
生産加工・産業機器とあなたが生活で使う製品との違いを簡潔に述べてください。

2.3 現代のエンジニアリングデザイン

様々なデザイン分野

　エンジニアリングデザイン(Engineering design)は工学設計とも訳されます。たいへん抽象的な言葉ですが、基本的には、「科学・技術を駆使し、ニーズに合ったシステム／要素／方法を開発するための創造的で合理的な活動」を意味します。そして、JABEE(日本技術者教育認定機構)という機関などでは、特にこのエンジニアリングデザイン能力の向上が技術者教育の中で極めて重要な要素であると位置づけています。この節では、エンジニアリングデザインの成果として、いくつかの例を示し、どのような機能が実現され、どのような仕組みを持ち、社会にどのように受け入れられているのかを紹介します。具体的には、ロボット、ＩＴ機器、そしてサービスを取り上げ、現代のエンジニアリングデザインのあり様を例を通して理解してもらいます。さらに皆さんには、そのような製品等がどのような社会／背景や技術から生み出されるのかを考えてもらいたいと思います。

　エンジニアリングデザインの道を登り詰め、何か新しいものごとを生み出し、或いは難しい課題を克服することは、下の写真のように、挑戦的で、エキサイティングな行為です。今(現代)を知り、次(未来)を生む挑戦者は皆さんです。

2 3 1 ロボットのデザイン

現代のエンジニアリングデザイン（メカトロ・組込み）

Keyword 1 ロボットのいる生活

(a) 人間型ロボット
(©産業総合研究所)

(b) 産業用ロボット
(©セイコーエプソン)

図1　様々なロボット

　私たちは，「日常生活にロボットが満ちあふれている時代」には到達していません。しかし，多くの自動化工場で産業用ロボットが稼働し，TVコマーシャルに人間型ロボットが登場し，大学の工学系学部でロボット工学が研究され，各地でロボットコンテストが開催される時代に生きています。自動車にも家電製品にもコンピュータが搭載され，その機能はロボットといえるほどになりました。そして何よりも人々は未来ロボットの登場に過剰なほどの期待を寄せています。

　多くの人々は機械を擬人化してロボットと呼んでいます。機械が顔や手・足に当たる機構を持ち，人間や動物に近い動きができて，知能的と思える機能を有するとき，人々はロボットと呼ぶのです。マネキン人形をロボットとは呼びません。動かないからです。ロボットって何でしょう？　歴史的にはチェコのカレル・チャペックという人が書いた戯曲がロボットという言葉の始まりといわれています。その後も様々なロボットが小説・映画・TV・漫画に登場しています。ロボットはあるときは人間を助ける存在として描かれてきました。作家アイザック・アシモフが著作の中で掲げた「ロボット工学三原則(Three Laws of Robotics)」は有名です。その是非や限界については今日でも論議が交わされています。

(d) 基礎実験用二指ハンド
(芝浦工業大学)

(e) 二輪倒立振子型移動ロボット
(芝浦工業大学)

(f) 全方向移動ロボット
(職業能力開発総合大学校)

図2　大学で生み出される基礎的なロボット

第一条　ロボットは人間に危害を加えてはならない。また、人間に危害を与える危険を見過ごしてはならない
第二条　ロボットは人間の命令に従わなくてはならない。ただし第1条に反する場合はこの限りではない。
第三条　ロボットは第1条、第2条に反するおそれがない限り自分を守らなければならない。

　日本では、手塚治虫が描いた漫画「鉄腕アトム」他に多くの人々が影響を受けました。例えば、日本ロボット学会は「ロボット学に関する研究の進展と知識の普及をはかり、もって学術の発展に寄与すること」を目的に1983年に創立されましたが、同学会を支える多くの科学者が子供時代にはその熱心な読者でした。
　ロボット研究の目的は二つに大別されます。一つは、人に代わる、或いは人を支援する知能機械を生み出すためです。もう一つは人間を知るためです。前者に大事なことが二つあります。人を助けるには何が本当に必要なことかを明らかにすることです。もう一つは目標を実現するための理論や技術を獲得することです。後者の「人間を知るため」ですが、赤ちゃんの知能の獲得は目・耳等による認識機能の発達だけでなく、体を動かして外界と力を及ぼし合う作用の繰り返しから生じることがわかってきました。益々ロボット研究の重要性が増しています。

◆ 推薦図書 ◆
カレル・チャペック『ロボット』岩波文庫・アイザック・アシモフ『われはロボット』、『ロボットの時代』　早川書房
手塚治虫『鉄腕アトム』(1)～(18) 講談社　・井上博允他『岩波講座 ロボット学 (全7巻)』岩波書店

2 3 1 現代のエンジニアリングデザイン（メカトロ・組込み）
ロボットのデザイン

Keyword 2 ロボットの機能と仕組み

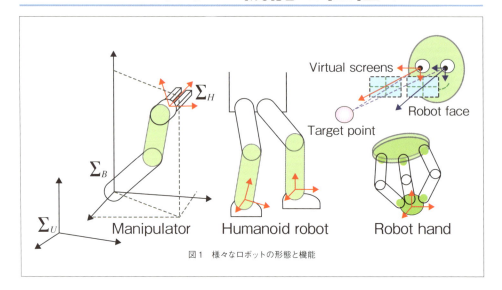

図1　様々なロボットの形態と機能

　ロボットにできることってなんでしょう。上の絵を見ながら考えましょう。まずは腕が動いて、手先が意図した位置や姿勢に辿り着くことでしょうか。それとも、二足で歩いて目標地点に到達することでしょうか。しかし、言うは易しです。

　その実現は容易ではありません。そこで「辿り着く」ことを実現するために必要なことを考えてみましょう。1）目的の位置をどのように表すか。どこを原点にしてどの方向を前向きと決めるのでしょう。つまり、動く前には座標系を定義しなければなりません。2）動くための動力はどうやって得るのでしょう。3）辿り着いたことや、途中にいることをどうやって知るのでしょう。4）辿り着くために、各関節はどのような力を発するべきなのでしょう。5）そもそも、目標地点に向かえと、どのようにロボットに伝えるのでしょう。これだけ並べただけでも、ロボットには多くの機能が必要であることがわかります。まして、両眼を持ったロボットが見たいものを認識して目で追いかけ、ロボットハンドで力加減を調節しながら、ものを柔らかく運ぶ。どれもこれからのロボットに必要な機能ですが、実現への道は簡単ではなさそうです。

　ロボットには多くの機能が必要ですが、動く秘密に的を絞って説明します。

　まず、ロボットには身体が必要です。身体には動くための仕組みが必要です。形は機能を表します。次頁の図を見てください。モータがギアを介して負荷と書

2 様々なデザイン分野

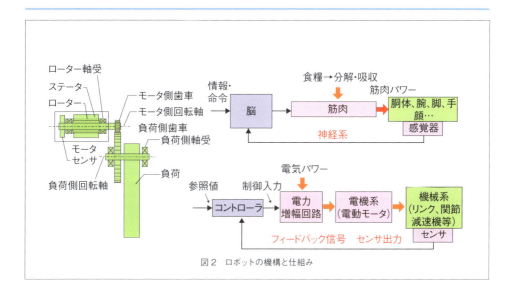

図2　ロボットの機構と仕組み

いた腕を動かす構造であることがわかるでしょう。モータの左側には回転角度を検出するセンサが搭載されています。人間型ロボットも動物型ロボットも皆こんな機械構造になっています。ではこれでコンセントから交流100Vをモータに供給すれば動くでしょうか。動きません。火花が散ります。コンピュータをつなげばいいでしょうか。ではプログラムを組めばいいのでしょうか。まだ動きません。もしかしたら暴走してしまいます。実は、動く仕組みができていないのです。

　一流スポーツ選手や武道家、舞踊家は、一般人とほぼ同じ体形を持ちながら全く違う動きができますね。私たちは骨組みと筋力だけでは一流の技を実現できません。運動神経を鍛え、繰り返しの習練で身につけた技が要るのです。右上図は人の運動神経系を描いたものです。その機能はループになっています。

　一方、右下にはロボットが動く仕組みが描かれています。人間のそれと構造がよく似ています。いや、似せてつくってあるのです。その仕組みを解説しましょう。機械の動きをセンサで観てコントローラに伝えます。コントローラは予め用意した参照値と比べて差があれば制御入力を調節し、電力増幅器が制御入力値に合った電気パワーをモータに伝え、モータは電気パワーを機械パワーに変えて機械を動かします。この一連のループは人の運動神経系と同様に高速にずっと回り続けます。この仕組みが成り立ってこそロボットは動くのです。

2-3-2 IT機器のデザイン

Keyword 3　IT機器のデザイン

図1　DVDレコーダー（パナソニック）

図2　家庭用ゲーム機（ソニー）
(C)Sony Computer Entertainment Inc.
All rights reserved

図3　プラズマTV（パナソニック）

図4　携帯電話（シャープ）

　今日では、ほとんどの電子機器にコンピュータが組み込まれています。例えば、銀行のATMや車のエンジン制御装置です。そのような機器に内蔵されたコンピュータシステムを組込みシステムと呼びます。さらに、従来よりも高性能な組込みシステムを使って、多様で複雑な機能を提供する電子機器をIT（InformationTechnology）機器と呼びます。例えば、DVDレコーダーなどのAV機器、携帯電話、家庭用ゲーム機、カーナビなどです。

　IT機器では、なぜコンピュータが必要なのでしょうか。私たちは、普段何気なく使っていますが、実はその中では大変複雑な制御が行われています。例えば、DVDレコーダーには、ハードディスク、DVDドライブ、(地デジ/BS/CS)チューナー、リモコンが付いています。DVDにもDVD、DVD-R、DVD-RW、DV-AMなどがありますし、動画圧縮方法も様々です。さらに録画しながらの再生といったことも可能です。テレビ放送は待ったなしで送られてきますから、何があってもそれに間にあうようにハードディスクにデータを保存しなければなりません。

　これらを完璧にこなすには、高性能なコンピュータの力が必要なのです。

　「IT機器のデザイン」というと、機器本体の形状、リモコンの形状や操作感が

様々なデザイン分野 2

図5 らくらくホン（NTTドコモ）

図6 iPhone 4（アップル）

思い浮かぶと思います。それも大事ですが、IT機器でより重要なのは、複雑な機能をどうわかって貰い、どう操作して貰うかということです。

　例えば、携帯電話を見てみましょう。近年の携帯電話は、パソコン並みに色々なことができます。どう操作すると何ができるのか、機械に詳しい人でもなかなか理解できません。そこで、高齢者向きの携帯電話が考え出されました。図5のように、操作ボタンがシンプルで、電話を掛ける、受けるといった基本的な動作を迷うことなく行うことができます。

　機能を減らしただけだろう、と思った人もいるでしょう。実はできることはそれほど減ったわけではありません。要は、携帯電話が最も使われるシーンを想定し、それに対し人間はどう操作するのが自然なのかをきちんと設計したということです。

　IT機器の中には、機能の数を増やすことだけを考えて、操作のしやすさを考慮していないとしか思えないものもあります。図5の携帯電話は、高齢者だけでなく幅広い層で売れているそうです。また、ユーザーインターフェースに拘った図6の携帯電話も売れています。人間中心の設計が、今後益々求められます。

97

2-3-2 IT機器のデザイン

Keyword 4 IT機器の機能と仕組み

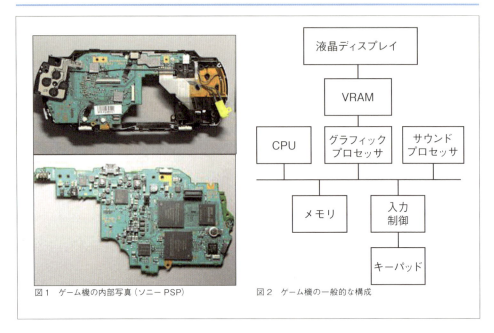

図1 ゲーム機の内部写真（ソニーPSP）

図2 ゲーム機の一般的な構成

　ゲーム機は、図1、2のような構成になっています。例えば、あるキャラクタを画面に表示するときには、どのような動作をするのでしょうか。

　ゲームのシナリオのレベルで、どのキャラクタをどう動かすかを決定します。キャラクタの外見に関するデータは、ポリゴンと呼ばれる3次元情報の形でメモリに格納されています。このデータを、CPU（計算装置）が読み取り、グラフィックプロセッサに送ります。グラフィックプロセッサは、3次元データを2次元の画面に表示するために膨大な計算をします。そして、計算結果をVRAM（ビデオ用メモリ）という装置に格納します。画面表示装置はVRAMを左上のドットから順番に読み出して、液晶ディスプレイの各ドットの色として表示します。

　随分と複雑ですが、各機能はモジュール化という方法によって、その内部動作を知らなくても良いようになっており、個別に設計されます。

　ゲーム機は、1台の装置だけの動作でした。次に、もう少し違う例として、携帯電話を見てみましょう。

　携帯電話の中身は、次ページの図3、4のように構成されています。通話するときに、携帯電話の中で次のようなことが起きています。まず、普段は無線基地局

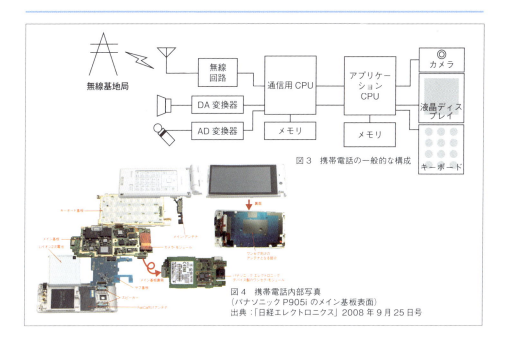

図3 携帯電話の一般的な構成

図4 携帯電話内部写真
(パナソニック P905i のメイン基板表面)
出典:「日経エレクトロニクス」2008年9月25日号

の信号を定期的にチェックして、自分宛の電話が来ていないかを調べます。もし、来ていたら、次のような動作をします。

1. 着信音を鳴らします。
2. 利用者が着信ボタンを押すと、着信OKという信号を基地局に返します。
3. 基地局は、発信者と着信者の携帯の間で回線を設定します。回線というのは、音声データをやりとりするための通信経路です。
4. 「もしもし」という音はマイクで電気信号に変換され、次にAD (AnalogDigital Converter)変換器で、音声信号が数字データに変換されます。
5. この数字データを回線に送信します。
6. 相手の携帯電話では、回線から送られてきた数字データを、DA変換器で音声信号に戻し、増幅器を通ってスピーカーに送ります。

　携帯電話設計においては、モジュール化とともに、装置間の通信方法（通信プロトコルといいます）をきちんと決めることが重要です。日本の携帯電話を外国に持っていっても動作するのは、通信プロトコルが国際標準になっているからです。

2-3-3 サービスのデザイン

現代のエンジニアリングデザイン（メカトロ・組込み）

Keyword 5 役に立つサービス

　コンピュータの得意なことは何でしょうか？　もちろん「あらゆる計算可能な数を計算する」ことです。この能力によって、人間の暮らしを豊かにするための様々なサービスが提供されています。ここでのサービスとは「コンピュータを使用して社会における様々な問題を解決する手段の提供」と考えることにします。皆さんの回りにはどのようなサービスがあるでしょうか？

　サービスはコンピュータを利用したシステムによって提供されます。システムは単独のパーソナルコンピュータ（以下PC）であったり、ネットワークで連結したコンピュータであったり、特定の装置に組み込まれたコンピュータであったりします。サービスは、これらのシステムが「＊＊できる」という言葉で表現することができます。「＊＊できる」ということはシステムの「機能」と呼ばれています。それでは、いくつかのサービスの機能がどのような問題解決に役立っているかを考えてみましょう。

携帯電話のサービス

　通話ができる・メールの送受信ができる・様々な検索ができる・ゲームができる・スケジュール表がつくれる・写真が撮れる・時刻を確認できる・アラームを設定できる等々、携帯電話は、本来の通話だけではないコミュニケーションや、時間管理、情報の記録、電車の遅延情報などの調べ物といった日々の生活に役立つ機能を一つの機器に組み込むことで、これらを一つの道具としていつでもどこ

でも、すぐに利用できるようになりました。

インターネットショッピングやオンライン予約
　色々な商品を選ぶことができる・商品を購入できる・チケットの空き状態を確認できる・チケットを予約できる等々、商店や予約窓口へ行かなくても、何時でも好きなときに、購入や予約ができることにより、私たちは、時間を節約し、活動の場を気軽に広げることができるようになりました。

産業用ロボット
　産業用ロボットは人間の代わりに作業を行う機械装置であり、主に自動車や電子部品などの生産現場で使用されています。これらの作業には、人が有害な物質に触れる危険性があるだけではなく、重量物を運搬する場合に肉体的負荷が大きいといった問題がありましたが、産業用ロボットの登場により、安全に品質の安定した製品がつくれるようになったといえます。

　その他にも、数多くのサービスがコンピュータを利用して、私たちの生活に役立つ機能を提供しています。例えば、交通安全施設管理システム等は私たちが生活する上での安全の基盤であり、e-ラーニングシステムは教材のあり方や学習方法の可能性を広げています。今後も、電子マネーや、電子政府といった生活の基盤を支える役に立つサービスの発展が期待されています。

2.3.3 サービスのデザイン

Keyword 6 使いやすいサービス

Amazon.co.jp
(www.amazon.co.jp)
※2009年11月10日現在

　サービスでは、第一に「＊＊できる」という機能をもつことが大切です。例えば、携帯電話のメールサービスでは、メールが作成でき、送りたい相手に送ることができるということです。インターネットショッピングならば、商品を選んで、注文することができるということです。しかし、ただできればよいのでしょうか？

　商品を選ぶときを考えてみましょう。今日は目的の商品があり、それを探したいとします。商品名が正確にはわからないときには、近いキーワードで探したり、カテゴリやジャンルといった分類で探したりして、「簡単に」目的の商品に辿りつけると便利です。たくさんの商品が検索できたら、「見やすい」ように、商品を絞り込めたり、順番にページを「サクサクと辿ってみる」ことができたりすると良いですね。商品の写真を拡大してよく見ることができると「わかりやすい」ですね。お気に入りが見つかったら、「スムーズに」買い物籠に入れられると良いですね。でも、後で気が変わったときに、キャンセルもできないと困ります。支払いをカードでするならば、大事な情報を「安全に」相手に送れないと心配です。

　「役に立つ」ことはサービスの基本ですが、使う人にとって「わかりやすい」「安心して使える」「らくらく使える」といったことが実現できていることがサービスには重要です。このようなシステムの特性を品質特性と呼びます。例えば、ISO(International Organization for Standardization：工業分野の国際規格を定める機構)によるISO/IEC9126では、ソフトウェアの品質特性として、機能性(Functionality)、信頼性(Reliability)、使用性(Usability)、効率性 Efficiency)、保守性(Maintainability)、移植性(Portability)を定めています。

　機能性：ソフトウェアは「＊＊できる」ということを、ユーザの要求や開発

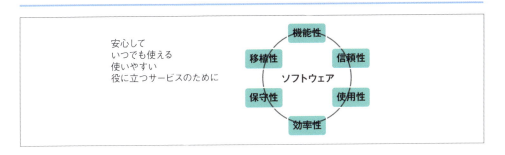

　システムが遵守すべき規格・法律・規則等に従って適切に処理し、期待される正しい結果をもたらすことが必要です。ソフトウェアやその対象となるデータに関して不当なアクセスを排除できるようにセキュリティに関する要件も満たさなければなりません。

　信頼性：交通管理や銀行などのシステムのように、故障による社会的影響の大きいシステムの場合には、ソフトウェアがその機能をきちんと維持できることが大切です。また、障害が発生してもその影響を最小限に食い止め、短時間に容易に復旧できるようにするための工夫が必要になります

　使用性：ソフトウェアが役に立つ機能を提供していても、難しくて使いこなせなければ、結局は役に立ちません。わかりやすく、操作がしやすく、誰でもすぐに使えるようになることが大切です。

　効率性：ソフトウェアは限られたコンピュータの資源（例えばメモリ）を利用するため、実行時に、効率良く、その資源を利用しなければなりません。さらに、大量のデータに対しても、処理時間や応答時間を短くする工夫が必要です。

　保守性：コンピュータを利用したサービスが増加・拡大しているということは、サービスを実現する膨大な量のソフトウェアを開発しなければならないということです。そこでは、全てを新規に開発するのではなく、これまでのソフトウェア資産を再利用することによって、開発が行われています。すなわち、ソフトウェアは一度つくったら絶対に変更しないのではなく、常に変更が行われるものであるということです。そこでソフトウェアは、新たな要求に対して変更しやすいように、その内容がわかりやすく、変更によって予期せぬ問題を引き起こさないことを保証するといった性質を持つ必要があります。

　私たちは、これらの品質を考慮して、ソフトウェアをつくらなければなりません。

自習のポイント

1 ロボットの機能と仕組み

新宿駅構内であなたの重い荷物を持って付いてきてくれる移動ロボットを開発したいと思います。どんな機能が必要でしょう。10 項目以上、列挙してください。

2 IT 機器のデザイン

DVD レコーダー、携帯電話、カーナビなどの普段使っている IT 機器について、使い難いと感じている点を列挙してみましょう。また、どんな風になれば使いやすくなるのかを、自分なりに設計してみましょう。使い難い設計にも、必ず理由があります。例えば、見てすぐ消す人向きの設計と、必ず DVD に保存する人向きの設計は違いますし、製造コスト上の理由なども考えられます。今の設計と自分の設計を比較して、それぞれの良い点と悪い点を比較してみましょう。

3 役に立つサービス

あなたの身の回りの役に立つサービスを一つ取り上げ、どのような問題解決に役立っているかを説明してください。そして、そのサービスが使いやすいサービスであるならば、その使いやすさのポイントは何であり、どのようなソフトウェアの品質と関係があるかを考えてみましょう。また、使いにくい点があるならば、それをどのように改善したらよいでしょうか？

3章 デザインを製品化するエンジニアリング

　自動車、家電、携帯電話などを購入する人が満足するには、デザイナーが意図した形や色、商品企画者が狙った機能など、その製品が目標とするデザインを、忠実に、しかも適正なコストと納期で、設計・製造するエンジニアリング（工学）が大切です。また、そのエンジニアリングの限界や挑戦を理解することは、「実現できるデザイン」の自由度を拡大して、社会に貢献することができます。この章では、デザインを製品化するエンジニアリングについて広く学びます。

4章
デザイン工学が切り拓く
社会と産業

2章
様々な
デザイン分野

3章
デザインを製品化する
エンジニアリング

1章
私たちの社会・産業と
デザイン

Keyword Index

Keyword	*1*	メカトロニクス
Keyword	*2*	マイクロコンピュータ
Keyword	*3*	アクチュエータとドライブ技術
Keyword	*4*	センサの働き
Keyword	*5*	モーションコントロール
Keyword	*6*	ロボットシステムの設計技術
Keyword	*7*	システムのシナリオ
Keyword	*8*	ソフトウェアのモデリング
Keyword	*9*	プログラミング
Keyword	*10*	金型と製品
Keyword	*11*	プレス金型
Keyword	*12*	射出成形金型
Keyword	*13*	金型の CAD/CAM
Keyword	*14*	CAE
Keyword	*15*	計測
Keyword	*16*	形をつくる切削加工
Keyword	*17*	形をつくる放電加工
Keyword	*18*	組み立て作業の自動化
Keyword	*19*	産業用ロボット

3.1 デザインを支える設計技術

デザインを製品化するエンジニアリング（デザイン工学）

　「ものごと」という言葉がありますね。世の中は「もの」（ハードウェア）をつくるだけの時代から「こと」（ソフトウェア）をつくる時代に移っています。しかも高品質でなければなりません。「もの」と「こと」をつくるとき、私たちは全てを厳密に定めていく必要があります。エンジニアの世界では、その行為を設計といいます。そもそも、英語のdesignは広い意味での「設計」を意味しています。3、1節の題名が意味する「デザイン」は、「もの」や「こと」を姿・形や色彩によって表現することを意味し、「設計技術」(design technology)はそれらを具現化するための技術です。具現化するために、私たちは機械工学、電気・電子工学、コンピュータのハードウェアおよびソフトウェアの基礎知識を学び、さらに、全体をシステム化するための専門知識(情報・制御工学等)を身につける必要があります。そして、それらを理解し、活用するには高度な数学や物理学等の習得が必要です。これら設計技術の学習は決して楽なことではありませんが、学ぶことによって、きっと皆さんたちの未来が見えてきます。

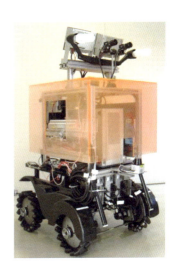

情報工学　　制御工学
知能ソフトウェア工学　ロボティクス
　　　組込みソフトウェア　モーションコントロール
ソフトウェア工学　コンピューティングデザイン　ハードウェア工学
　　　　　　　メカトロニクス
電気・電子工学　機械・材料工学
数学(微積分学、線形代数、複素関数…)　物理(運動学、動力学、熱、流体、振動…)　語学等

3-1-1 メカトロ機器とコントローラの設計技術

Keyword 1 メカトロニクス

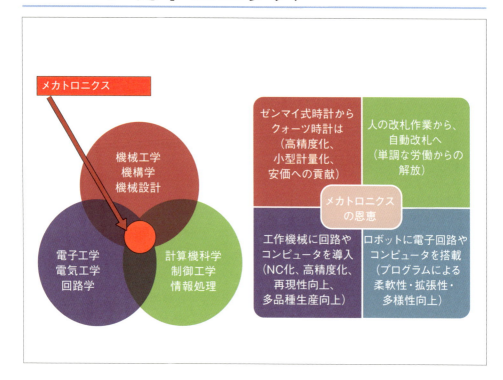

　メカトロニクス (mechatronics) とは、機械工学 (mechanics) と電子工学 (electronics) を融合した和製英語です。メカトロニクスは、ロボット開発等にも用いられており、機械工学、電子工学を始め、計算機科学、制御工学、情報処理、機械設計、回路学、そして機構学などの幅広い学問を用いてロボットや工業製品等のシステムを電子自動機械化するための技術体系です。歴史的には、メカトロニクスの発展により、(1) ゼンマイ式時計がクォーツ時計になる (高精度化、小型軽量化、安価への貢献)、(2) 人による電車の改札作業が自動改札になる (単調な労働からの解放、無人化)、(3) 工作機械にコンピュータが導入され、NC自動工作機械になる (高精度化、機械工作における工作再現性向上、多品種生産性向上の実現。ここでNCとはNumerical Control 数値制御のことを指します)、(4) ロボットに電子回路やコンピュータを搭載することで、プログラム次第でロボットを多種多様な作業に用いることができます (プログラムによる柔軟性・拡張性・多様性向上)、など、社会・産業や人々の生活に様々な恩恵を与えています。メ

3 デザインを製品化するエンジニアリング

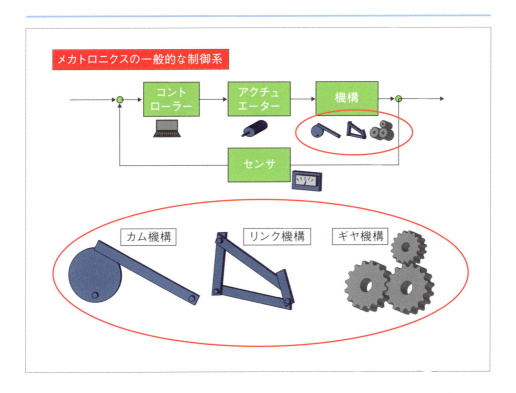

カトロニクスの急速な発展の理由としては、(A)コンピュータやマイクロプロセッサの小型軽量化、高性能化、大規模集積化、高速処理、(B)電子素子・電子材料の集積度向上、信頼性向上、高性能化、(C)機械材料の軽量化、高剛性化、高性能化、(D)レーザ等の光学系加工機の高精度化、(E)センサ等の高精度化、小型軽量化、(F)モータやアクチュエータの高精度化、高効率化、小型軽量化、などが挙げられます。メカトロニクスの要素として、制御要素（コントローラ）、検出要素（センサ）、機構要素（カム、ギヤ、リンクなど）、駆動要素（アクチュエータ、モータなど）があり、通常は各要素を組み合わせてフィードバック系のループをつくり、目的に応じた制御系を構成します。ここでカムは、偏心した円板を回転させることで、周期的な上下運動をつくり出すことができる機構のことを指し、リンクは、関節部分と棒状の節とを組み合わせた機構を指します。これらメカ機構を駆使することで、目的の動きを実現できます。

109

3-1-1 メカトロ機器とコントローラの設計技術

Keyword 2 マイクロコンピュータ

　マイクロコンピュータ（microcomputer）は、身の回りの家電製品の多くに内蔵されていて、私たちの生活に恩恵をもたらしています。例えばポットでは、水を入れ電源を入れると、マイクロコンピュータが動作して、自動的にヒータをONにして水を沸騰させます。その際、マイクロコンピュータでは、ヒータの温度調整を高めに制御し、なるべく早く沸騰するようにします。その沸騰後は保温モードとなり、保温に必要な低い熱量を出すため、ヒータの温度調整を低めにコントロールします。一般には、このような特定の機能を実現するため、マイクロコンピュータを組み込んだコンピュータシステムのことを、組込みシステム（Embedded System）と呼んでいます。組み込みシステムは、家電製品を始め、電子医療機器、産業用機械、工業製品、携帯電話などの通信機器、ロボットや自動車などの移動体にも利用され、様々なところで重要な役割を果たしています。

　マイクロコンピュータには、その頭脳とでもいうべきCPU(Central Processing Unit)があります。このCPUは、演算論理装置ALU（Arithmetic Logic Unit、四則演算、論理演算の実施）、制御装置（Control Unit、命令解読しALUにデータ送付、

3 デザインを製品化するエンジニアリング

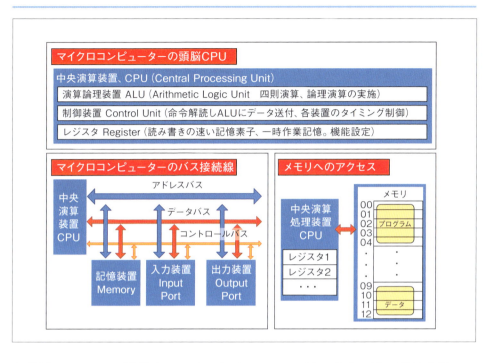

各装置のタイミング制御)、レジスタ（Register、読み書きの速い記憶素子、一時記憶、機能設定）から構成され、マイクロコンピュータ全体を統括し、処理を進める装置です。このCPUには、記憶装置（メモリ、Memory）や入力装置(Input Port)、そして出力装置(Output Port)が接続され、外部装置との入出力処理を進めながら、目的の処理を実行していきます。メモリには、一般に、マイクロコンピュータを動かすためのプログラムとそれに必要なデータを格納しておきます。マイクロコンピュータの電源が入ると、一般にCPUからは、メモリのゼロ番地からプログラムの命令を一行ずつ読み取り、番地を一つずつ進めながら処理を進めます。CPUと各装置とのデータのやりとりには、アドレスバス（番地管理用接続線）、データバス（データ送受用接続線）、コントロールバス（各装置選択等の制御用接続線）の3種類のバスと呼ばれる接続線を用います。例えば、ポットを例にとると、入力装置として温度センサ、出力装置としてヒータがあり、それら入出力装置を駆使しながら、マイクロコンピュータによるポット全体の制御を実現します。

3-1-1 メカトロ機器とコントローラの設計技術

Keyword 3 アクチュエータとドライブ技術

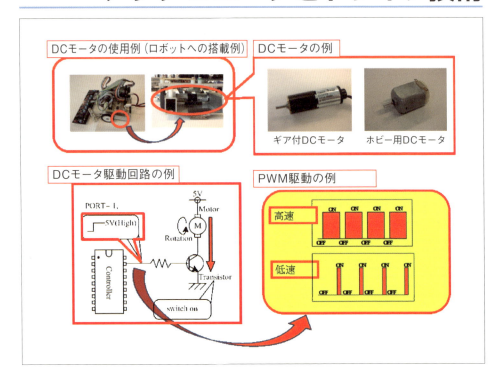

　アクチュエータ（actuator）は、油圧・空気圧・電気などのエネルギーを、回転運動や直線運動の駆動力に変換する、駆動力発生装置のことです。アクチュエータの代表例として、モータが挙げられます。自動車やロボットの駆動には、多くの場合DCモータなどの電磁アクチュエータが用いられます。とくに制御用に開発された高精度なモータのことをサーボモータと呼ぶことがあります。このようなモータを制御する場合、一般には、モータ駆動コントローラを用いて、PWM駆動（Pulse Width Modulation）と呼ばれる駆動方式を採用し、モータの回転を制御します。PWM駆動では、単位時間あたりのモータのON時間、OFF時間の比率を変化させることで、モータの高速駆動や低速駆動を実現します。一般に、制御用モータには、回転状態検出のためにエンコーダ等のセンサが搭載されていて、角度や回転数を検出しながらモータ制御を確かなものにしていきます。モータ駆動のことを、モータドライブと呼ぶ場合もあります。

　ここでは、まずモータ駆動の基礎として、DCモータが回転する仕組みを考え

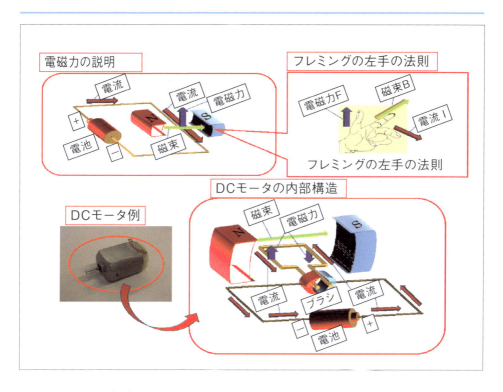

てみましょう。簡単なDCモータを分解すると、モータの内壁に沿って強力な磁石が円筒状に埋め込まれています。中心部には、導線を何重にも巻き付けた回転体があり、その回転体の中心から軸が出ています。DCモータに電池を接続すると、この軸が回転します。モータが回転する現象を考えると、(1)モータの内壁には、円筒状に二つの磁石が対に置いてあり、磁石のNからSに向かって磁束Bが出ていて、目に見えない磁石の力がかかっています。(2)その磁束Bが出ているところに、導線を置きます。その導線に電池を接続し、電流Iを流します。(3)この磁束Bと電流Iが直交するような状況をつくることで、これら磁束Bと電流Iに直交する電磁力Fが発生します。(4)これらの電磁力F、磁束B、電流Iは、フレミングの左手の法則に従い、左手の親指が電磁力F、人差し指が磁束B、そして中指が電流Iの方向に働きます。(5)この導線を輪のようにし、ループ状にしておくことで、電磁力Fが軸を回転させる方向に回転力として働き、結果としてモータの軸が回転することになります。

3.1.1 メカトロ機器とコントローラの設計技術

Keyword 4 センサの働き

レーザー距離センサ
(北陽電機 URG)

CCD カメラ
(SONY XC-77)

ロータリーエンコーダ
(COPAL JT30)

ジャイロセンサ
(村田製作所 ENV-05D)

超音波距離センサ
(浅草ギ研 PING)

温度センサ
(NS LM35)

加速度センサ
(サンハヤト MM-2860)

　センサとは、人間の五感に例えられます。目は視覚、舌は味覚、耳は聴覚、鼻は嗅覚、そして手は触覚を担うセンサといえます。一般には、距離や角度などの物理量を電気量に変換する素子のことをセンサと呼んでいます。ロボットの腕や脚の角度を測定するセンサとして、ポテンショメータやエンコーダがあります。例えばポテンショメータは、回転角度に応じて電気抵抗が変化します。そのため、ロボットの腕や脚の関節にポテンショメータを埋め込んでおくことで、ロボットの腕や脚の関節角度を検出することができるようになります。ロボットの姿勢を計測するセンサとして、ジャイロセンサもあります。このようにロボットシステムの内部状態を計測するため、関節角度や姿勢等を計測するセンサのことを内界センサと呼びます。一方、ロボットの周囲の環境の情報を取得するため、障害物等周囲の物体までの距離や角度を計測するセンサのことを外界センサと呼びます。外界センサとして、例えば、レーザ距離センサや視覚用カメラセンサなどが用いられます。レーザ距離センサでは、周囲の物体までの距離をレーザを用いて求めることができます。視覚用カメラセンサでは、ロボットの周囲の環境の物体の色や形を求めることができます。ロボットが環境内を動きまわるためには、常に自分の位置を推定する必要があり、そのため、内界センサと外界センサを駆使

3 デザインを製品化するエンジニアリング

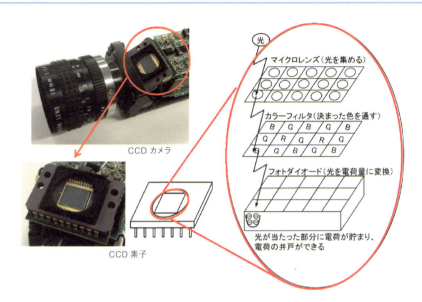

CCDカメラ
CCD素子

する必要があります。

　例えばロボットの視覚用カメラセンサとしてCCD（Charge Coupled Device）という素子が用いられます。CCDに光が照射されると、光照射量に応じてCCD表面に電荷が蓄積されます。このCCD表面の蓄積電荷量を平面格子状座標毎に細かく読み取ることで、白黒写真のように、光の濃淡画像情報が得られます。白黒の画像情報だけでも、ロボットの物体把持は可能ですが、赤いリンゴと青リンゴを見分けるような場合には、さらに、色情報が必要となります。そのためには、カラーCCDを用いる必要があります。カラーCCDでは、白黒CCDとほぼ同様の原理ですが、白黒CCDに追加してCCD表面に平面格子状にRGB (Red Green Blue)赤緑青の光の3原色のいずれかの光を通すようなカラーフィルタをかぶせることで、色情報も同時に取得することができるようになり、その結果、カラー画像情報を得ることができます。ロボットは、このようなCCDカメラセンサやレーザ距離センサを用いることで、外界の物体の色、形、大きさ、物体までの距離を計測でき、その結果として、より正確な物体把持を実現することができるようになります。

3-1-2 ハードウェア設計技術

Keyword 5 モーションコントロール

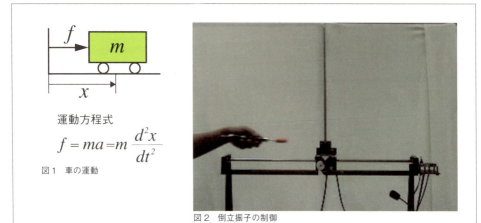

運動方程式
$$f = ma = m\frac{d^2x}{dt^2}$$

図1　車の運動

図2　倒立振子の制御

　モーションコントロールという技術があります。英語で書くとmotion controlです。広く解釈すると、物に限らず人間・生物をも含む森羅万象を対象とした「運動をコントロールするための技術」を意味します。工学の世界では的を絞って「メカトロニクス機器（略称：メカトロ機器）の運動制御理論およびシステムデザイン技術」と考えます。例えば、ロボット・工作機械、自動車・航空機・船舶・電車等、ハードディスク、高層ビルの制振装置やエレベータ等を対象とします。

　具体的な運動を挙げてみましょう。左上の図は、1自由度の車です。摩擦を無視すると運動方程式は$f=ma$です。運動方程式や回路方程式のように機械の運動や電気回路の構造を数式で表したり、図式化することをモデリングといい*、その数式や図をモデルを呼びます。この車を意のままに動かすにはどうすれば良いでしょう。センサで車の位置を計測し、車にモータを組み込んで駆動力fをうまく変化させれば良さそうです。運動方程式から、駆動力fを与えると加速度aが変わり、結果的に位置も制御できるのです。つまり、数学モデルから運動制御のための方策が得られるのです。但し、運動方程式には誤差がつきものです。そこで、例え誤差があっても車などの機械を制御できる基礎理論や技術、制御工学が必要になります。モーションコントロールはその応用技術です。

*プロダクトデザインやソフトウェアの分野でもモデリングという言葉が使われます。それぞれ表現が異なりますが、仕様・動作・性質を図・模型・数式のいずれかの代替手段で表します。

デザインを製品化するエンジニアリング 3

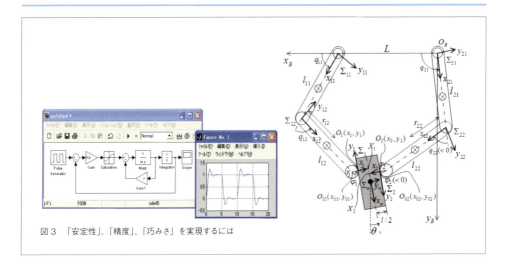

図3 「安定性」、「精度」、「巧みさ」を実現するには

　制御工学を学ぶ教材としてよく用いられる機械に倒立振子（とうりつしんし）があります。前ページ右上の写真です。立てた棒が右に倒れそうになると台車を右に、左に倒れそうになると台車を左に移動させてバランスを保ちます。二足歩行ロボットが倒れずに歩くのはこの原理が応用されているからです。しかし、この繊細な制御を試行錯誤で実現するには限界があります。モデリングを行い、数学モデルを解析し、制御理論に基づいて安定性を保証する制御入力を決めるのです。

　本ページの図3は、これら制御系設計に用いるシミュレーションソフトの使用例です。ブロック図を描いて数値を決めると、実現されるであろう動作波形をシミュレーションすることができます。その後、実機で実験検証を行います。

　右上図は物を把持している二本指のロボットハンドのイメージ図です。各指に関節が2本あって合計で4関節。つまり、4自由度を有します。把持される対象物は平面上をX、Y方向に動き、向きも変わるので合計3自由度。つまり、全部で7自由度の運動が表現されています。人はこのような操りをいとも簡単に行いますが、把持力と物の移動をコンピュータを用いて自動的に行うには高度なモーションコントロール技術が必要です。このような技術が私たちの未来を開くと思うのです。

◆ 推薦図書 ◆
島田明他『電気学会EEテキスト モーションコントロール』オーム社
有本卓、関本昌紘『巧みさとロボットの力学』

Keyword 6 ロボットシステムの設計技術

3 デザインを支える設計技術
1-2 ハードウェア設計技術

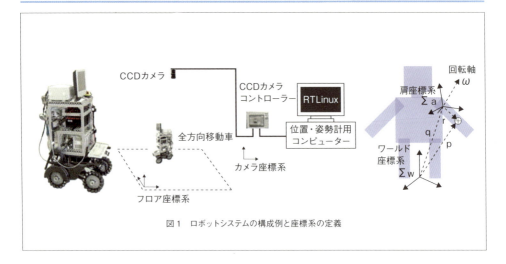

図1 ロボットシステムの構成例と座標系の定義

　システムとはある目的を達成するために、複数の要素が有機的に関係し合い、全体としてまとまった機能を発揮する要素の集合体のことで、組織や系統とも呼ばれます。学問・思想などの体系や組織の体制や制度を表すこともあります。ロボットをシステムとして考えるときはロボットシステムと呼びます。

　構想設計：ロボットシステムと呼ぶときは、ロボットに何らかの作業やパフォーマンスを遂行させる意図があるときです。構想設計の内容は例えば、

①開発目標に対し、制約条件の下で必要な機能や性能を分析してまとめます。
②機構構成(形状・大きさ・自由度)や目標値なる精度、速度等を決めます。
③ロボットを駆動するアクチュエータ(=モータ等)やセンサを決めます。
④座標系やロボット制御法、コントローラの構成や機能・性能を決めます。
⑤命令をロボットに伝える手段やロボットの状態の表示手段を決めます。
⑥プログラム言語や扱う数値データや演算の種類を定めます。

　機構設計：自由度の決定から始めましょう。この世は3次元空間といわれますが、位置の3成分(例えばx、y、zの値)と姿勢の3成分(例えばx、y、zの各軸周りの回転)が決まらないと物の姿勢は決まりません。溶接・塗装用産業用ロボットは6自由度です。上部から部品の組み立てを行う組立ロボットの多くは4自由度です。前ページ写真の車輪型移動ロボットは4輪なので4自由度ですが、動ける自由度は位置の2自由度(xy)と姿勢の1自由度(z軸周り)の3自由度です。自由度に応じ

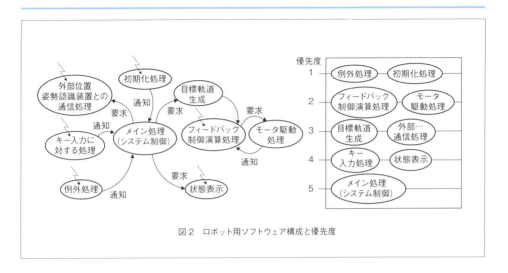

図2　ロボット用ソフトウェア構成と優先度

てモータ、ギア、回路の数も増え、コンピュータの入出力数も増えて、コストアップや重量増になります。様々な拘束条件の中で最適な構造設計を行います。

　モータの選定は定格出力、定格トルク(＝回転力)、定格速度、最大速度、大きさ、重量、ロータ慣性などを参考にして、実機の動作に要する出力、トルク、速度が実現可能なものを選びます。モータに限らず、ベアリング、ギア、センサ、ケーブル等の選定や固定の仕方を決めることは重要な設計作業の一つです。

　ロボット制御系設計を考えます。前ページ右図はヒューマノイドロボットの両足間に基準となるワールド座標系を定義し、肩に肩座標系を定義した絵です。可動部全てに座標系を定義し、ワールド座標系との相対姿勢を制御します。動力学解析やモーションコントロール系の理論設計とともに、座標系定義や姿勢の計算方法や表示方法を生み出すこともまた、ロボット設計の重要なテーマです。

　コントローラハードウェア設計を考えます。どんな構成にするか。どんなコンピュータを選ぶか。回路や電源の容量は十分か等々を吟味します。高価過ぎたり、製造中止になる部品は使えませんし、組み立て工程が複雑すぎてもいけません。自ら電磁ノイズを出さず、外からの電磁ノイズにも負けない設計が求められます。

　コントローラソフトウェアの体系的な設計法については後のページで述べますが、プログラミングに先だって、上図のように、ロボットの機能や因果関係を洗い出し、優先度や緊急度を踏まえたソフトウェアの構造設計を行います。

3-1-3 ソフトウェア設計技術

Keyword 7 システムのシナリオ

　サービスは受ける人や受ける状況によって工夫すべきところが変わります。誰がいつ、どのような状況でそのサービスを受けたいのかという具体的なシナリオの作成がシステム開発には重要です。

　さて、皆さんは、コンピュータを使って色々なゲームを楽しんでいると思います。ここでは、オセロゲームの開発を例に、役に立つ、使いやすいシステムをどのような手順で作成するのかを考えてみましょう。

　オセロゲームは、2人で行うボードゲームです。すなわち、緑色の盤の上に表裏が黒と白の石を交互に置き、相手の石を挟むとそれを自分の石の色に変えることができます。そして、最終的には石の数が多い方が勝ちとなるゲームですね。オセロゲームは道具と2人のプレイヤーがいれば、どこでもできますが、コンピュータを使えば、色々な楽しみ方があるのではないでしょうか？　誰がどのような状況でオセロゲームをどのように楽しむのかというストーリーのことを「シナリオ」と呼びます。

　役に立つサービスであるためには、まずは、次の要件を満たすことが必要です。

　　ゲームはルールに従って進めなければならないので、コンピュータはルール

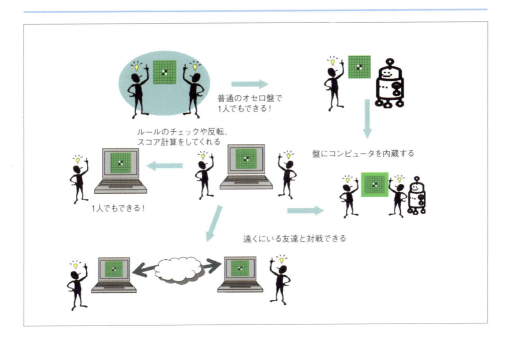

のチェックを行い、正しければ、獲得した石をひっくり返して、スコアの計算をしてくれる。ルールに違反している場合には、そのことを教えてくれる。勝ち負けの判定をしてくれる。わかりやすく盤面の状況を示してくれる、等々。

　この基本要件に加えて、例えば、以下のようなシナリオが考えられます。皆さんも面白いシナリオを考えてみてください。

シナリオ1：1人でも好きな時にPC(Personal Computer)でゲームができる。石を置く時は、画面上の盤をマウスでクリックする。
シナリオ2：遠くにいる友達とネットワークを通してゲームができる。
シナリオ3：臨場感を得るために、盤にコンピュータを内蔵して2人で対戦できる。
シナリオ4：臨場感があり、1人でも遊べるように、ロボットが対戦してくれる。
シナリオ5：本物の盤を使って、ロボットと対戦したい。ルールのチェックは対戦相手のロボットがしてくれると嬉しい。

　利用者の要求は多様です。利用者がシステムをどのように利用したら、どんな嬉しいことがあるのかという具体的なシナリオを考えることが、役に立つ、使いやすいサービスを実現する第一歩となるのです。

3-1-3 ソフトウェア設計技術

Keyword 8 ソフトウェアのモデリング

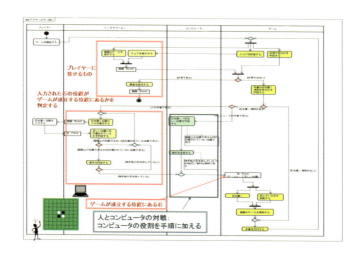

　色々なシナリオを実現するシステムをつくるにはどうしたらよいでしょう。PCで動作するオセロゲームであれば、PC上で動作するソフトウェアを作成します。このソフトウェアは、オセロゲームのルールをチェックし、石をひっくり返すことができるといったオセロゲームの基本的な機能を提供する必要があります。石を置く場合にも、キーボードから石の置き場所を指定するのか、マウスを使って画面上の場所をクリックするのかも決めなければなりません。一方、臨場感を出すためには、盤をコンピュータ等の電子部品から成る物理的な装置として実現し、この装置にソフトウェアを組み込む必要があります。さらに、普通のオセロ盤で、ロボットに相手をしてもらうためには、ロボットが、上記のソフトウェアのように「オセロゲームのルールを理解し、石を置くことができる」という基本的な機能をもつだけではなく、人間が目で見て認識するのと同じように盤面の状況を認識することや実際に石を置いたり、ひっくり返したりできる必要もあります。ここでは、PC上で動作するソフトウェアのつくりかたを考えてみましょう。始めに、オセロゲームはどのような手順で行われるのかを定義します。上の図は、アクティビティ図と呼ばれる、システムの振舞いを時間経過に沿って表すモデル図です。

　さて、ソフトウェアのモデルとは何でしょう？　オセロゲームをするためには、コンピュータが、プレイヤーが指定した位置に石が置けるかを計算する、次に打

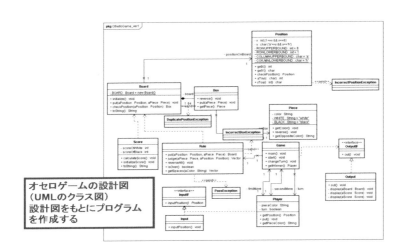

オセロゲームの設計図
（UMLのクラス図）
設計図をもとにプログラムを作成する

つ手を決定する、スコアを計算する、プレイヤーがキーボードやマウスを使って、石の位置を指定できるようにする、現在の盤面の状況を画面に表示するといった、様々な計算やアルゴリズム、キーボード・マウス・ディスプレイ等の周辺機器を制御する方法をソフトウェアによって定義することで、私たちの欲しいサービス（オセロゲームを自分の好きな環境で楽しくできる）を実現します。そこで、計算を行うためには、どのようなデータが必要であり、そのデータをどのように処理することで、サービスが実現できるかを分析します。私たちが求めるサービスは銀行のオンラインシステム、インターネットショッピング、交通制御システム、エレベータ制御などのように、大規模で複雑なものです。データが足りなければ、本当に欲しいサービスを提供できないかもしれません。データを適切に処理しなかったり、処理の順序を間違えたりしたら、欲しいサービスは実現できません。そこで、まずは、このようにサービスに必要なデータとその処理手順をという観点で、ソフトウェアをとらえることが重要であり、この作業をソフトウェアのモデリングと呼びます。定義された図等をモデルと呼びます。このモデルを定義する言語がモデリング言語で、多くは上記のアクティビティ図のように図式表現を用いています。UML(Unified Modeling Language)は近年の代表的なモデリング言語であり、ソフトウェアをデザインする強力な道具となりつつあります。

3-1-3 ソフトウェア設計技術

Keyword 9 **プログラミング**

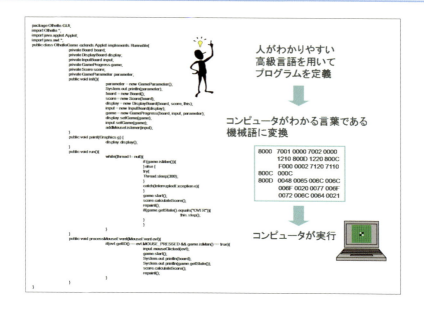

　ソフトウェアはコンピュータがどのように動作すればよいかの指示を記述したコンピュータへの指示書です。この指示書を記述する言語がプログラミング言語であり、プログラミング言語で書かれたコンピュータへの指示書をプログラムと呼びます。そして、プログラムを定義する作業がプログラミングです。それでは、コンピュータはどのような言語を理解できるのでしょうか？　コンピュータが直接理解できる言葉を機械語と呼びます。コンピュータは電子部品なので、基本的に理解できることは電気が流れたか流れていないかということであり、機械語では0または1の数字の列で定義されます。コンピュータへの指示書は人間が書かなければなりませんが、人には機械語を理解したり、記述したりすることは大変困難です。そこで、人間がわかりやすく記述しやすいプログラミング言語を用いる必要があります。このようなプログラミング言語を高級言語と呼びます。高級言語と機械語の指示書では文法や意味が異なるので、高級言語のプログラムをコンピュータが理解できる言葉である機械語に翻訳する仕組みがつくられました。この仕組みを「コンパイラ」と呼びます。コンパイラもソフトウェアの一つです。
　私たちは、コンパイルされたプログラムをコンピュータが実行することで、定義したサービスを受けることができるわけです。プログラミング言語には、提供

■三樹書房／グランプリ出版の書籍をご購入いただきありがとうございます。
今後の両社出版物やイベントのご案内をするメールマガジン・DMを配信しています。
ご希望の方は、右のQRコードで公式サイトのフォームよりご登録をお願いします。
本書の感想などもこのフォームからご記入いただけます。

■このはがきをお送りいただいてのご登録も可能です。
大変恐縮ですが切手をお貼りいただき、お名前、ご住所、メールアドレス、下記へ感想などご記入の上、ご投函ください。

■ご購入書籍名
(   )

■本書の感想
(   )

■どのようなテーマの本をご希望ですか？
(   )

2025年，創立50周年
三樹書房
創立1975年
https://www.mikipress.com

2025年，創立45周年
グランプリ出版
創立1980年
https://www.grandprix-book.jp

郵 便 は が き

※お手数で
すが切手を
お貼りくだ
さい

１０１-００５１

東京都千代田区神田神保町1-30

三樹書房／グランプリ出版

メールマガジン・DM担当 行

お名前	フリガナ	男・女	年齢　　歳

ご住所	〒□□□-□□□□　　　電話

都道
府県

e-mail

※ご記入いただいた個人情報はメールマガジン・DM(お客様への新刊情報など)の
　送付以外の目的には使用いたしません。
　上記のご案内が不要な場合は、□に✓をご記入ください。

デザインを製品化するエンジニアリング 3

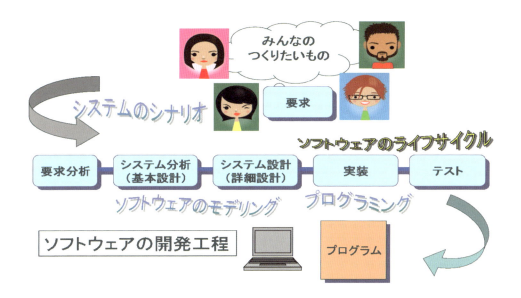

するサービスの分野や基となる計算モデルによって様々な種類があり、発展してきました。科学技術計算の分野ではFORTRAN、事務処理分野ではCOBOLが昔から使われています。近年は、C言語やモデリング言語UMLの基本となっているオブジェクト指向という考え方に基づく、JavaやC++、C#といった言語が開発現場でよく用いられています。オブジェクト指向とは、開発対象をオブジェクトと呼ばれる具体的なものや概念の集まりとしてモデル化し、オブジェクト同士が相互に仕事を依頼し、返答を受け取ることで、仕事を進めるという考え方のことであり、多様かつ常に進化しなければならないサービスへの適用を実現する一つの方法です。先に述べたUMLはオブジェクト指向開発におけるモデリング言語です。

　ソフトウェアを開発するには図のような工程を経なければなりません。役に立つ、使いやすいサービスを実現するために、利用者の要求を様々なシナリオを想定して分析し、ソフトウェアのモデルを構築し、プログラミング言語を用いて定義します。プログラムが要求を満たしていることを十分にテストした後で、サービスは提供されます。しかし、利用者の要求はすぐに変化します。それにともない、システムにはこのようなライフサイクルを繰り返しながら、進化することが求められます。

自習のポイント

1 **メカトロニクス・マイクロコンピュータ・アクチュエータとドライブ技術・センサの動き**

以下の (1) ～ (8) の用語について説明しなさい。(1) メカトロニクス、(2) カム機構、(3)CPU、(4) データバス、(5) アクチュエータ、(6)PWM 駆動、(7) ポテンショメータ、(8)CCD カメラ。

2 **モーションコントロール**

モーションコントロール技術はロボットに限らず、多くのメカトロ機器を動作させ、制御するための基盤技術です。大学でこの技術を習得するには、入学前に何をどのくらい学んでおく必要がありそうですか？　説明してください。

3 **システムのシナリオ**

あなたの身の回りにある役に立つサービスは、どのような場面で、どのように利用できるものでしょうか？　そのシナリオをあなたがサービスを受ける立場になって具体的に考えてみましょう。そして、そのシナリオは、どのようなデータをどのように処理して実現されているかを考えてください。

3.2 デザインを支える製造技術

デザインを製品化するエンジニアリング（デザイン工学）

　自動車、家電、携帯電話などを購入する人が満足するには、デザイナーが意図したデザインを、忠実に、しかも適正なコストと納期で製造する技術が大切です。

　工業製品を大量に製造するには、まずその製品精度を満たす高精度な部品製造技術が前提です。この部品製造には、材料、成形装置、金型の3点セットが必要であり、特に自由曲面のデザインなどを忠実に再現するには高精度な金型製造が重要です。

　また、その各種部品を精度よく接合（溶接など）し、購入する人が満足する美しい塗装を行い、さらに正確に組み立てて品質保証することが重要です。これらを可能な限り自動化していくことが、コスト低減および品質のバラツキを抑える上で大切であり、ロボット、自動搬送装置などが各工程で活用されています。

プレス部品の成形ライン

3-2-1 製品づくりの基本：金型

デザインを支える製造技術

Keyword 1 金型と製品

図1　自動車（オープンカー：BMW）

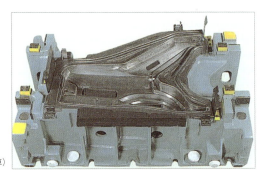

図2　自動車ボディの金型（日産自動車）

　皆さんの回りには、自動車（図1）、薄型テレビ、携帯電話、飲料容器など様々な工業製品があります。これら工業製品は、たくさんの部品によって構成されています。その部品形状を、デザインに忠実に、かつ大量に廉価に製造する「打ち出の小槌」が金型です（図2）。

　金型の歴史は、貨幣、大仏など金属製品のものづくりがその起源ですが、プラスチック材料など新材料の出現により、今日では鉄鋼、アルミ合金などの金属、プラスチック、ガラスなど多様な部品が金型によって生産されています。

　また、最新の商品の優れた環境技術や魅力的な工業デザインは金型の新技術に依存しているといっても過言ではありません。

　例えば自動車では、ハイブリッドカー（図3）や電気自動車（図4）の主要部品である電池、モータなど精密部品を、より小さく、より高精度に大量生産する上で金型技術の発展が大変重要になってきています。

　また、デザイナーが意図した流麗なデザインを正確に再現する上で金型の高精

図3 ハイブリッドカーのエンジン・バッテリー・制御機器（トヨタ自動車）

図4 電気自動車とバッテリー（日産自動車）

度化と、金型を用いて形を変形する技術、いわゆる成形技術のレベルアップは最重要課題として注目されています。

　金型は、その成形方法の違いからプレス金型、射出成形金型、ダイキャスト金型、鍛造金型、焼結金型などに分類されます。本書では、金属部品の大量生産に最も適したプレス金型と、プラスチック部品の製造において最もポピュラーな射出成形金型について次ページ以降説明します。

　次に金型の設計・製造法について説明します。現代の金型は、新製品向けに開発・設計された部品データに基づき、コンピュータを活用した金型設計（CAD）と加工データ作成（CAM）、および数値制御（NC）に基づいた機械加工により、一貫したシステムとして製造されています。また、加工された金型は成形機械に取り付けられ、図面通りの部品が成形されるまで、成形条件や金型形状の微調整を行います。その微調整は、測定機（CAT）による厳密な評価とミクロン台の修正も可能な卓越した技術者・技能者によって支えられています。

3.2.1 製品づくりの基本：金型

Keyword 2 プレス金型

図1　各種プレス部品（アイダエンジニアリング）

図2　プレスライン（アイダエンジニアリング）

図3　大型プレス（アイダエンジニアリング）

　プレス金型は、その金型形状を瞬時に転写して板状の材料を必要な形状に成形します。例えば、ジュースの飲料缶や飲み口のプルトップなどは、アルミ合金や鉄鋼の板を成形し、プレスシステム1セットで1分間に1,000個以上製造することも可能です。

　また、自動車のボディは、4m前後の大きさですが、外観の美しさを実現する上で、数ミクロンメートルの微妙な形状凹凸の乱れも生じない、高精度な金型によって製造されています。

　さらに意匠デザインだけでなく、機能面においても産業界においてフルに活用されています。例えば、携帯電話内にある超精密な部品、またハイブリッド、電気自動車などに使用されているバッテリーやモータ部品など、プレス成形の高生産性と高精度化技術によって実現されています（図1）。

　次にプレス成形の特徴について説明します。プレス成形は、板状の鉄系の材料やアルミ合金材料を変形させます。その変形した材料が元の形に戻らない材料特

デザインを製品化するエンジニアリング 3

図4　プレス金型（アイダエンジニアリング）

図5　自動車用プレス部品（トリム）
　　　（クライムNDC）

図6　自動車用プレス金型（トリム）
　　　（クライムNDC）

性を利用します。この材料特性を利用した加工を塑性加工と呼びます。プレス加工は、成形機械であるプレス機（図2・図3）、その専用金型であるプレス金型（図4）と、そして鋼、アルミ、銅などの成形材料の組み合わせで加工されます。最近では、特に製品の軽量化が重視されていますので、特に鋼材は高強度であるハイテン材が多用されています。ただし、材料の伸びなどに限界があり、複雑な形状の成形には不向きなところがあります。

　金型としては、必要な形状に変形する「絞り」、稜線にそって変形する「曲げ」、不要部を切断する「トリム」（図5）などの工程を行う各種金型があります。金型材料としては、必要な強度や硬度に応じて、鋳物、鋼材などが使われます。例えば、自動車のボディ部品では、一般に絞り、トリム、曲げの3工程の金型（図6）によって、板材が順番に成形されて一つの部品が製造されます。この完成した部品は、機械加工などを介さず、直接次工程である「溶接」工程に送られ、ロボットなどを多用して、自動車ボディとして組み立てられます。

3-2 デザインを支える製造技術
1 製品づくりの基本：金型

Keyword 3 射出成形金型

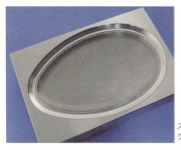
スピーカーグリル

テールランプ

携帯電話

ペットボトル

図1　各種樹脂成形金型（牧野フライス）

　射出成型金型は、高温で溶けたプラスチック材料を金型内で冷却、固化して金型形状通りに成形します。例えば、大きな物では、浴槽、薄型テレビ、自動車のバンパーや内装部品、小さな物では携帯電話、カメラ、電卓など様々な生活用品が射出成形されたプラスチック部品を使っています（図1）。

　これらのプラスチック部品の素材は、一般に石油から化学的に製造されますが、最近では環境に配慮して石油に依存しない植物系材料を原材料としたバイオプラスチックの活用も増加しつつあります。また強度が必要な部品ではガラス繊維などを混合した強化プラスチックも使われています。

　もちろん、金属に比べて強度などは劣りますが、軽量であること、また複雑な形状が一体として部品成形できることなどの特徴があります。例えば、メガネレンズなどはガラスからプラスチックに代わることで、メガネの軽量化が実現しています。

　次に射出成形の特徴について説明します。射出成形は、まず顆粒状のプラスチック材料を射出成型機（図2）に投入し、高温下で材料を溶かし、高圧をかけて金

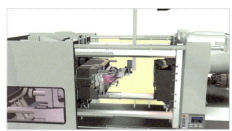

図2　射出成形機（クライムNDC）

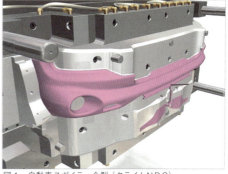

図4　自動車スポイラー金型（クライムNDC）

図3　射出成形イメージ：カメラボディ(クライムNDC)

型に注入します。そしてゲートと呼ぶ金型の入口から金型形状全体にプラスチック材料が充填されます（図3）。充填が完了すると金型内で冷却され、材料は金型形状通りに固化され、部品成形が完了します（図4）。もちろん、熱収縮によって材料は小さくなりますが、その収縮率を考慮して金型形状は適正な大きさに拡大されています。

　このように射出成形は複雑な形状を加工する上で優れていますが、充填、冷却などのサイクルに時間がかかります。この時間を短縮する上で、冷却用として金型内に配置された冷却管の位置、数、大きさなどに関して金型設計段階で考慮します。

　また、型製作段階では、成形された材料の表面は、金型表面の粗さがそのまま転写されますので、1ミクロンメートル以下の粗さとなるよう金型磨きが行われます。金型材料は、成形材料の特性、型加工の容易性、磨き性などを考慮して適正な鋼材が使われます。なお、成形されたプラスチック部品は、ボルト・ナット、接着などで他の部品と締結され、完成品へと組み立てられます。

3.2.1 製品づくりの基本：金型

Keyword 4 金型のCAD／CAM

図1　自動車ボディのCAD（日産自動車）

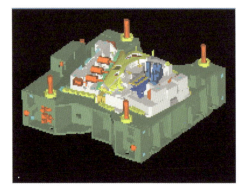

図2　自動車ボディ用プレス金型
3次元CAD（日産自動車）

　金型設計および製造において、様々なコンピュータシステムが利用されています。一般に設計を支援するシステムはCADと呼ばれ、Computer Aided Designの略です。また、CAMはComputer Aided Manufacturingの略であり、製造を支援するシステムです。これらを金型の設計・製造に応用したシステムが金型のCAD／CAMです。

　様々な製品は、プロダクトデザインである意匠設計（図1）と全体機能に関する設計の組み合わせに基づき、個々の構成部品は設計されます。これらの部品設計においてもCADが活用され、そのデータがオンラインで金型設計部署に送られてきます。金型設計では、部品の精度、生産性、型の寿命、保全性などを規定した金型仕様に基づき、CADを使って設計します（図2）。その際、成形性、型強度などを考慮したコンピュータシミュレーション（CAE）を使って、金型設計の信頼性を高めます。

　プレス型では、「絞り」、「トリム」、「曲げ」などの成形工程をどの型に機能を

デザインを製品化するエンジニアリング 3

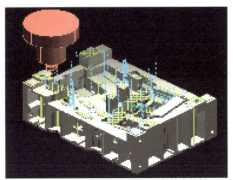

図3　自動車ボディ用プレス金型のCAM（日産自動車）

図4　自動車ボディ用プレス金型の加工（日産自動車）

持たせるか、が重要であり、過去の技術蓄積やCAEを使って型機能の分担を決定します。その決定に基づき、個々の金型の詳細設計を行います。

　射出成形の金型では、金型を上下に分割する位置、稜線の検討や成形時間を左右する冷却管の位置、数、径などの検討と詳細設計を行います。これらの設計を支援するCADは、コンピュータ能力アップにともない、2次元の設計から3次元の設計に進化し、設計者の判断のレベルアップに貢献しています。次に型設計された各種構成部品を機械加工する上で、NCデータが作成されます（図3）。

　NCとはNumerical Controlの略で数値情報で対象の機械を制御します。NCデータはコンピュータを内蔵した工作機械の動作を制御し、実際に加工する切削工具が金型形状通りに動くようにします（図4）。金型はその形状の複雑さや型材料の硬度などによって、主に切削加工、放電加工などを使い分けて製造されます。なお、放電加工では、その基準となる電極が必要ですが、この電極の加工にもCAMが活用されています。

3-2-1 製品づくりの基本：金型

Keyword 5 CAE

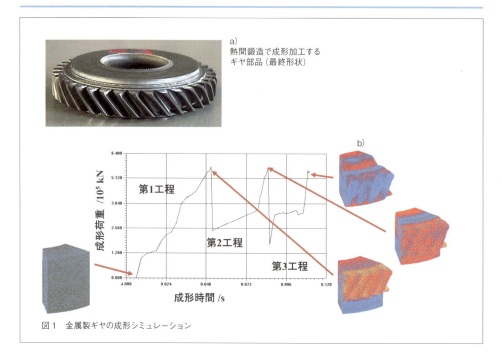

図1 金属製ギヤの成形シミュレーション

a) 熱間鍛造で成形加工するギヤ部品（最終形状）

　CAE（Computer-Aided Engineering：『シー・エイ・イー』と発音し、『カエ』と発音しないこと）には、大別して2つのアプローチがあります。第1は成形プロセスシミュレーションです。素材から製品まで段階的な成形工程に対応して、材料の力学特性を考慮することで、成形中に逐次変化する製品の形状寸法を解析します。図1には、3段階で円盤状の鉄鋼素材からギアを熱間成形するプロセス（これを熱間鍛造といいます）のシミュレーション例を示します。実際の形状の対称性を考えて、1/8モデルで解析しています。成形後のギヤ形状とシミュレーション結果とが精度よく一致することから、このCAEにより、確証実験を1回行えば試作実験しなくても製品づくりをデザインできます。実験では把握できない、工程ごとの3次元形状変化も定量的に理解でき、実験では求めにくい成形荷重の履歴を推定することができます。さらに、成形中の摩耗を考慮した鍛造金型形状の予測機能などを組み込むことで、CAEのみによって熱間鍛造工程全体を最適化できます。この鉄鋼素材の熱間鍛造では、素材の組織・構造変化は大きくなく、成形中も素材の力学特性は、温度とひずみのみで決まるため、成形中の素材特性

デザインを製品化するエンジニアリング 3

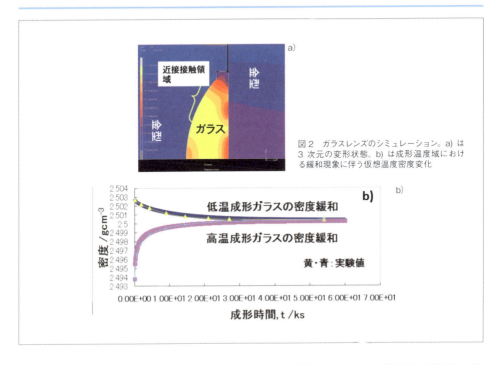

図2　ガラスレンズのシミュレーション。a)は3次元の変形状態、b)は成形温度域における緩和現象に伴う仮想温度密度変化

変化を考える必要はありませんでした。しかしガラスは、その成形中の変形・温度履歴によって力学特性が変化します。第2のCAEでは、加工中の素材・金型の変形や温度変化を解析するとともに、ガラスの屈折率、密度の変化を予測します。図2a)にはガラスの形状変化のCAE結果を示します。成形用のモールド金型もガラス素材と一緒にモデル化することで、成形における加熱・冷却時の膨張・収縮によるガラスと金型との接触・離型を直接評価できます。重要なことは、図2b)に示すように、成形前の処理温度（図中での高温ガラスと低温ガラス）からのガラスの緩和現象により変化するガラスの密度や屈折率も、定量的に予測できることです。これにより光学デザイン通りの光学素子を成形できるかを事前にチェックし、成形プロセスを修正し、最適化できるようになっています。さらに、素材のより微細な組織構造変化と製品レベルの形状変化とを階層的に解析することで、製品形状とともに製品特性もCAEで保証できるようになります。

◆ 推薦図書 ◆
相澤「光学素子のプレス成形シミュレーション方法及びプログラム」　特許2008

3-2-1 製品づくりの基本:金型

Keyword 6 計測

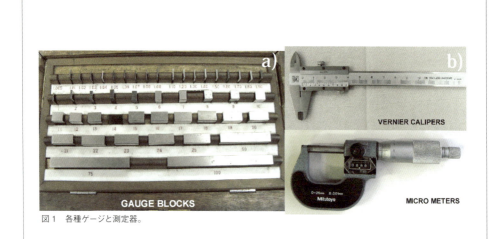

図1 各種ゲージと測定器。

　製品がデザイン通りにできたかを確認し、生産中に不具合がないかを調査するには、製品あるいは製造途中における形状寸法を測定しなければなりません。少し前までは、図1a)に示すように、あらかじめ定めた寸法を刻んだ標準器（これをゲージといいます）を用いて、例えば金型と製品との隙間を測ったり、所定の高さが確保されているかをチェックしていました。その中で、長さ・高さ・深さなど寸法を0.01mmの精度で測定し、所定の幅・長さ・厚さを確かめるのに、汎用的に利用できる測定器も頻繁に利用されました。それが図1b)に示す、ノギスとマイクロメーターです。自動車のパネル部品のように、厚さ分布・製品寸法などが厳しく管理される製品では、試しプレス成形あるいは生産中の抜きとり検査で、あらかじめ製品ごとの標準器に据え付けた上で、厚さ分布あるいは形状寸法変化を確認することも行われています。

　もっともたいへんな測定は、製品表面の粗さです。表面きずがあるのは論外ですが、表面に許容以上の粗さがあると、見栄えの悪さ以上に、製品の取り付け、表面塗装仕上がりなど、最終製品がデザイン通りにできなくなります。特に鏡面が求められる金型では、表面粗さを測定することが品質保証の第1歩になります。

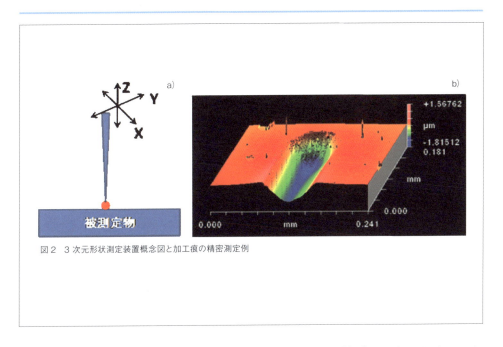

図2　3次元形状測定装置概念図と加工痕の精密測定例

　図2a)に触針式の表面粗さ測定装置の概略を示します。針（これをスタイラスといいます）が、表面を触りながら線状に面状に移動することで、1次元的な粗さ分布や3次元的な表面状態までを測定することができます。図2b)に、表面からダイヤモンド工具で微細線を切削した面の表面分布を示します。1μmの形状寸法を実現するには、少なくとも10nmの測定精度で表面を計測することが必要となります。

　最近では、人体の血管内を移動するマイクロマシンあるいは心臓弁の部品などのように、製品寸法が微小・微細かつ製品表面が体内組織と接触する機能部品が増えています。また光学レンズのようにnmオーダーの粗さが問題となる超鏡面への要求もあります。この場合には、図2a)の測定システムを小型化し、非接触で表面形状を図るシステム（ナノCMM〈Coordinate Monitoring Machine〉）を利用します。スタイラスも放射圧（光の圧力）やレーザーと物体との相互作用を利用するタイプに変えるなど、「測る」ことも様がわりしなければなりません。

◆ 推薦図書 ◆
「戦略的基盤技術高度化支援事業報告書」経済産業省　2009

3-2-1 製品づくりの基本：金型

Keyword 7 形をつくる切削加工

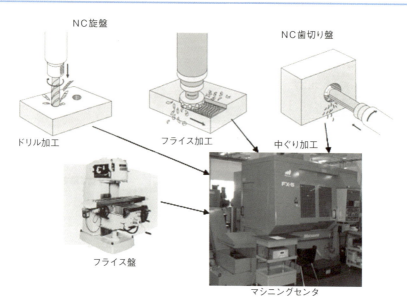

図1　代表的な切削加工と使用される工作機械

　金型はものづくりの要です。身近な生活用品から最新のハイテク機器のほとんどが金型によって製造されているといっても過言ではありません。

　金型の形状加工は、切削加工、研削加工、放電加工などによって行われるのが一般的です。ここでは、切削加工について説明します。3次元形状加工では、切削加工の中でもエンドミルという工具を用いた加工が一般的です。特に自由曲面加工では先端が球状のボールエンドミルという工具を使用します。また金型には多くの穴が開いていたり、ネジ切りされていたりします。前者はドリル、後者はタップ工具が用いられます。

　これらのほとんどは主軸が回転する3軸駆動（X、Y、Z方向に動くことができる）のフライス盤という工作機械が使用されます。

　金型加工がNC（Numerical Control:数値制御）化され、CAM（Computer Aided Machining:コンピュータ援用加工）によって自動加工されるようになってマシニングセンタと呼ばれる自動工具交換機能を有するフライス盤が使用されています。

　図1に代表的な切削加工を示します。これらのことが1台の工作機械によって

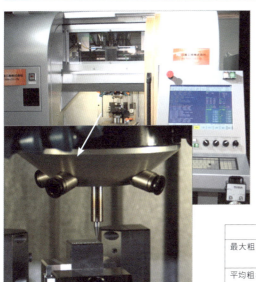
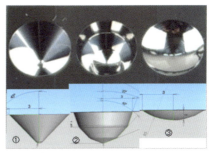

ワーク： STAVAX (HRC54)
加工形状：① 45°円錐（先端R0.5mm）
　　　　　②傾斜面（20°,45°,70°）
　　　　　③球面（R5mm-Sag1）

	①円錐	②傾斜面	③球面
最大粗さ	54nmPV	68nmPV(傾斜20°) 37nmPV(傾斜45°)	82nmPV
平均粗さ	9.1nmRa	9.6nmRa(傾斜20°) 9.6nmRa(傾斜45°)	12.3nmRa

図2　高精度マシニングセンタの外観と加工事例

自動にできるようにしたのがマシニングセンタです。

　マシニングセンタの諸機能は金型加工に適用でき、金型業界に広く普及しています。また、我が国のマシニングセンタの生産量は世界のトップクラスです。

　図2に超精密マシニングセンタの外観、主軸（モータから動力を受けて工具を回転させる軸）、ボールエンドミルおよび加工したレンズ金型モデルを示します。CAD（Computer Aided Design：コンピュータ援用設計）で設計した後、CAMで工具経路を作成し、これをマシニングセンタに転送し、種々の段取りをして加工を始めます。切削だけで表面粗さが10nm（1nmは1μmの1／1000）以下に加工できるようになってきました。このマシニングセンタは小物加工用ですが、長さが10mを超える大きなマシニングセンタもあります。最近では、3軸駆動に2軸プラスして、複雑な動きが可能になった5軸のマシニングセンタもあります。

　工作機械、主軸、工具、ツーリング（工具や材料を把持するもの）、CAM、加工条件など形状加工の善し悪しを決める要素はたくさんあります。それぞれの設計値に応じた加工を実現するためには、実際に削ってみたりしてどのようになるかを確認して種々のデータを取りながら金型加工を行うのです。

3-2-1 製品づくりの基本：金型

デザインを支える製造技術

Keyword 8 形をつくる放電加工

図1
型彫り放電加工機と
加工事例、
電極のロボットによる
自動交換

　金型の形状加工は、切削加工、研削加工、放電加工などによって行われるのが一般的です。ここでは、型彫り放電加工、ワイヤカット放電加工について説明します。

　放電加工は、工具電極と工作物（金型）間に、直接放電を発生させて、これにともなう熱的作用や力学的作用などを利用して形状加工する方法です。放電現象は、普通の状態では絶縁体（電気が流れない物質）である物の中を電流が流れるようになる現象です。空気や純水、油などは絶縁物ですが、雷などのように空気中を電流が流れるような状態が放電です。

　図1に型彫り放電加工機の外観を示します。パルス（断続）放電を液中に発生させると液体が蒸発します。この際に衝撃圧が発生して溶けている材料を吹き飛ばして加工します。

　型彫り放電加工のメリットは、金型用鋼材として使用される焼入れ鋼や超硬合金（WC：タングステンカーバイドが主成分のセラミック）のような切削加工では歯が立たない硬い材料でも加工できることです。切削加工では苦手な深い凹形状も加工できます。また、切削加工と異なり、電極と工作物は接触しないため微細加工にも適しています。

　低加工速度や電極の消耗が問題でしたが、電源やNC制御の高度化、グラファイト電極の使用等によって技術革新がなされています。大きな問題の一つは、電極を切削加工で製作するために工程が多くなることで、これは省くことができま

デザインを製品化するエンジニアリング 3

図2
ワイヤカット放電加工機 (W-EDM) の外観と製品例

せん。

型彫り放電加工では電極を製作し、その形状を転写して加工します。これと原理は同じですが、電極に金属繊維（ワイヤ）を用いたワイヤカット放電加工も金型加工で使用されます。

図2に機械の外観を示します。金属線と被加工物（金型になる）との間で放電させて切断する方法です。ワイヤは消耗するので加工中に常に一定量送られます。被加工材を置いたX-YテーブルをNC制御して駆動することによって糸鋸のようにCADで定義された輪郭通りに加工します。使用されるワイヤは銅合金が一般的で、その直径は0.1〜0.3mmぐらいですが、高精度なものになるとφ20μmのタングステン線なども使用されます。

プレス加工の中で打ち抜き金型（薄板を切りだして製品にする）というのがありますが、その加工には、加工したままで金型として使用することができるためワイヤカット放電加工が使用されます。

最近ではテーブルがリニアモータ駆動のものもあり、加工速度や精度も年々向上しています。また、ワイヤの角度を傾けたりして金型のテーパ加工もできるようになりました。ワイヤが切れたときに、自動で結線することもでき長時間無人運転することができます。プレス打ち抜きの金型加工にはなくてはならない加工方法です。

3.2.2 製造の自動化

Keyword 9 組み立て作業の自動化

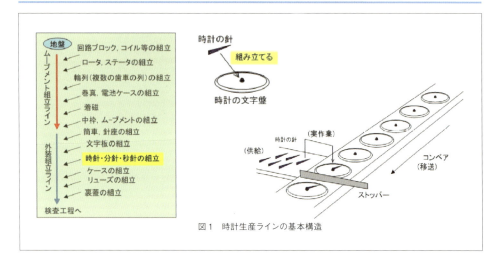

図1 時計生産ラインの基本構造

今日、企業活動が健全であることが求められ、製品には高い信頼性が強く求められています。同じ製品を購入したはずなのに、1台ごとに機能や性能に差異があったら困りますし、簡単に故障したり、事故が起きてはいけません。私たちはどの1台も正しく動き、機能・性能にばらつきがないことを期待して買うのです。そのような高品質な製品を自動的に製造するにはどうしたらよいのでしょう。

製品を生産する技術を生産技術といいます。製造の自動化を行うためには、生産技術を駆使して、良い生産ラインを作り上げなければなりません。

生産ラインの基本機能は、移送・供給・実作業です。要は、①運ぶことと、②加工したり、組み立てたりするための部品を揃えることと、③加工や組み立てや処理を行うことです。③はモノに付加価値がつく作業なので付加価値作業ともいいます。

上図は時計の組み立ての流れと針の組み立てをイメージした挿絵の一例です。膨大な数の組み立て作業が次々と行われて製品ができるのです(組み立ての前に、部品を製作する加工工程や加工に先立って型を設計製作する工程等があります)。部品の供給や実作業をロボットや専用組立機で行えば自動化ラインとなります。前半をムーブメント組立ライン、後半を外装組立ラインといいます。これらを自動で行うことを想像してみて下さい。例えば、①コンベア上にムーブメント(=時計本体)を流します。②センサで検出して停止させて、ロボットで針を組み込みます。③組み立て終わったムーブメントを通過させます。④ロボットへの針の

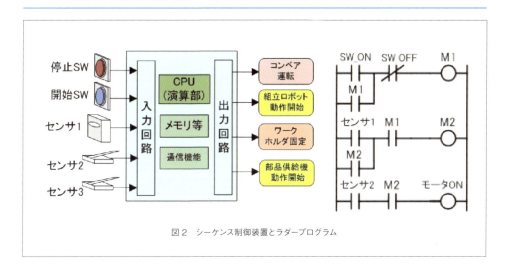

図2　シーケンス制御装置とラダープログラム

供給は専用装置で行います。⑤製造状態はコンピュータで管理されます。

　このライン製作には高度な機械設計技術が必要ですが、以下では生産ラインの背後に隠れて目立たない制御技術について紹介しましょう。

　組み立て作業のように、あらかじめ定めた順番や条件によって実行する手順を切り替えていく制御をシーケンス制御といいます。生産ラインのシーケンス制御には、プログラマブルコントローラ(略称PCまたはPLC)と呼ばれる専用のコンピュータを使います。上左図はその基本構成です。スイッチやセンサ信号が入力され、表示灯や、コンベア、ロボット、専用機等への信号が出力されます。

　上右図はPC独自のプログラムで、ラダープログラムといいます。縦の平行線はa接点と呼ばれ、対応するスイッチやセンサがONになると、端子間がONになります。斜め線の入った平行線はb接点と呼ばれ、スイッチ等がOFFになるとONになります。○印は出力を表し、その左側に接続されている接点が全てONになるとONを出力します。この例では、開始SW(=スイッチ)を押すとa接点SW_ONがONになり、M1がONになり、2、3行目のM1もON。開始SWがOFFになってもM1のONは維持されます。これを自己保持といいます。センサ1の信号が入るとセンサ1のa接点がONになり、3〜5行目のM2が全てONになります。センサ2が入るとセンサ2のa接点がONになり、モータONが出力されてモータが回ります。組立ラインではこの仕組みが応用されるのです。

3.2.2 製造の自動化

デザインを支える製造技術

Keyword 10 産業用ロボット

(a)SCARA型ロボット

(b) 垂直多関節ロボット

(a) 小型無人搬送車

(d) ロボットコントローラ

図1 マニピュレータとコントローラ
© セイコーエプソン(株)提供

図2 自動搬送車
(株)明電舎

　産業用ロボットのうち、もっとも普及しているものに、腕型をしたマニピュレータ(manipulator)と自動搬送車(automated guided vehicle、略称:AGV)があります。
　図1(a)はSelective Compliance Assembly Robot Armの頭文字を用いて、SCARA(スカラ)型ロボットと命名された水平多関節ロボットです。主に水平に動き、先端の直動軸のみが上下に動きます。垂直方向の剛性が高く、水平方向に柔らかさを持つため、部品の挿入やネジ締めなどの自動組立作業に向いています。
　同(b)図は垂直多関節ロボットです。私たちの世界は3次元ですが、実は6次元の世界と見ることもできます。位置の3次元(X、Y、Z)と姿勢の3次元(XYZの各軸周りの回転角度)です。どんな姿勢からでも物を扱うためには6自由度が要るのです。
　(c)図はコントローラです。マニピュレータの頭脳はロボットの外にあります。
　図1(a)、(b)がAGVです。数十キロ～数トンに荷物を5mmの精度で運びます。
　マニピュレータ(以降、ロボット)の主な用途は、組立、塗装、溶接、研磨、検査等です。自動車工場、精密組立工場(時計、HDD、家電製品、半導体ウェーハ等の組立)、食品工場、化粧品工場(化粧品パックもロボットで組立)等で使われます。
　図3(a)はロボット先端のカメラでワークを観測する際の操作画面の例です。

デザインを製品化するエンジニアリング

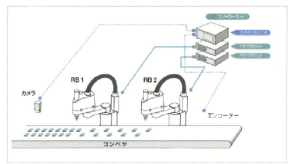

(b) コンベアトラッキングの例

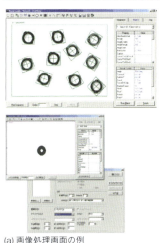

(a) 画像処理画面の例

```
move p1;
open hand;
wait 1s;
close hand;
moves p2;
…
```

(c) プログラム例

図3　運動制御系とロボット言語

　図3(b)はコンベアトラッキング例です。部品をカメラで観測し、同時にコンベアの動きをエンコーダと呼ばれるセンサで読み、ロボットが無作為に流れる部品を次々と俊敏に捕えます。(a)図の画面操作を行いながらシステムをつくります。

　最後に(c)図はロボット言語を用いたプログラム例です。ロボット言語とは、ロボット内部の制御プログラムとは別に、ロボットを使う人がロボットの動作の順番や条件を記述するために開発されたプログラム言語です。これらの機能を総合的に組み上げたシステムこそが産業用ロボットです。この例では、位置P1に移動し(1行目)、ハンドを開き(2行目)、1秒待って(3行目)、ハンドを閉じ(4行目)、位置P2に移動(5行目)の順で動くことを指示しています。指示しているというのは、ロボットが指示通りに正確に動くとは限らないからですが、どこまで指示通りに動くかというと、現在の組立用の産業用ロボットの繰り返し位置精度が±10〜50μm程度であり、300mm程度の距離を0.5秒程度で往復する性能を有しています。

◆ 推薦図書 ◆
吉川恒夫『ロボット制御基礎論』コロナ社

自習のポイント

1 金型と製品

工業製品の製造において、金型の役割について説明し てください。

2 切削加工, 放電加工

金型の形状加工法について切削加工と放電加工を事例にそれぞれの長短を説明してください。

3 CAE

CAE関連で、ギヤの高温鍛造やガラスの成形では、材料の温度を上げて加工しなければなりません。それぞれについてなぜかを説明してください。

4 組立作業の自動化

ケーキを1日に1000個作る自動化システムを考えて絵にしてください。作業例＝①土台をつくる。②クリームをつくる。③イチゴを洗ってヘタを取って切る。④組み立てる、⑤梱包する。これらの一つひとつはもっと細かい工程から構成されます。

4章 デザイン工学が切り拓く社会と産業

　これからの社会は、地球環境、医療・介護、新興国援助など様々な課題に対して問題解決が求められています。また、消費者や使用者に新たな感動（エモーション）を呼ぶデザイン性の高い商品、安全安心な住まいと社会環境を実現する提案型のデザインなどへの要求も高まっています。

　この章では、これらの課題解決として、デザイン工学が切り拓く社会と産業をテーマに、建築・空間デザイン、プロダクトデザイン、エンジニアリングの各領域で、これから期待される最新技術について解説します。

4章
デザイン工学が切り拓く
社会と産業

2章
様々な
デザイン分野

3章
デザインを製品化する
エンジニアリング

1章
私たちの社会・産業と
デザイン

Keyword Index

Keyword	1	コンパクトシティ
Keyword	2	アルゴリズミック・デザイン
Keyword	3	モビリティのデザイン
Keyword	4	保全型景観デザイン
Keyword	5	環境建築
Keyword	6	都市の再生
Keyword	7	リノベーション
Keyword	8	ユニバーサルデザイン
Keyword	9	感性デザイン
Keyword	10	エコロジーとデザイン
Keyword	11	ユーザーインターフェースデザイン
Keyword	12	近年の様々なデザインの取り組み
Keyword	13	ホームロボットサービス
Keyword	14	ハードウェア・ソフトウェアコデザイン
Keyword	15	ユビキタスコンピューティング
Keyword	16	リチウム電池
Keyword	17	光学素子
Keyword	18	形をつくる積層造形
Keyword	19	軽くて強いCFRP

デザイン工学が切り拓く社会と産業
4-1 建築・空間デザイン

　未来を持続可能なものとするために、建築や都市においても新しい取り組みが始まっています。長寿命、自然共生、省エネルギーなどに配慮した環境建築は、住宅から大規模建築まで、全ての建築物において求められています。都市スケールで見れば、公共交通や自転車、徒歩の利用を促進し、自動車交通に頼らずに高密度な都市居住を目指す、コンパクトシティが今後の都市のあるべき方向の一つとして注目されています。

　さらに、既存の都市や建築を破壊して新しく建設するのではなく、むしろできるかぎり生かしながら新たな活力を吹き込むことが必要となっています。建築のスケールではリノベーション、都市のスケールでは都市の再生がこれにあたります。また保全型景観デザインによって、地域の歴史や文化に敬意を払い、先人の営みを尊重していくことも大事です。

　そして、これからの建築・空間デザインを強力に支えるツールがコンピュータです。建築や都市の環境シミュレーションに加え、合理的なデザインを実現するためのアルゴリズミック・デザインが、コンピュータの発達により実現されるようになってきています。

イギリスにおけるコンパクトシティ（アーバンビレッジ）―ウェストシルバータウン：ロンドン

4-1 建築・空間デザイン

Keyword 1 コンパクトシティ

図1　アーバンビレッジ
（ミレニアムビレッジ：ロンドン）

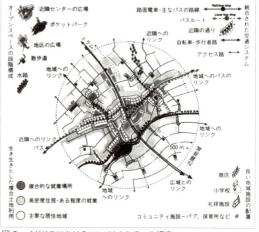

図2　イギリスにおけるコンパクトシティの提案

　「コンパクトシティ」とは、環境に対する負荷を軽減し、エネルギー消費を抑えた持続可能な都市形態の一つのモデルです。都市の郊外ではなく中心部へ居住し、生活に必要な施設が徒歩で移動できる範囲内に高密度に揃い、公共交通の利便性が高い都市形態です。1990年代の後半からEU諸国を中心に注目されており、ほぼ同時期に、アメリカでは「ニューアーバニズム」、イギリスでは「アーバンビレッジ」が提唱されました。これらはコンパクトシティと多くの部分で共通する考え方をもっています。現在、21世紀における持続可能な都市形態が世界中で提案されているのです。

　なぜコンパクトシティが注目されるようになったのでしょうか。20世紀を通じ、特に自動車の普及によって、都市は大きく拡大していきました。幹線道路沿いに広がる住宅地や商業施設、郊外の大規模なショッピングセンターなどは、大変便利な施設ですが、一方で自動車なしには成り立つことができず、交通面からはエネルギー消費が大きい都市形態です。また、都市には道路・電気・上下水道・

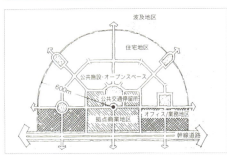
図3 アメリカにおけるニューアーバニズムの提案

図4 ニューアーバニズム（シーサイド：フロリダ）

図5 アーバンビレッジ（ミレニアムビレッジ：ロンドン）

図6 富山市のLRT

ガスといった都市基盤を整備する必要があります。都市が拡大すると、これら都市基盤の整備や維持管理についても費用は増加します。20世紀の終わりごろから地球規模での環境悪化にともない、世界的にCO_2の排出抑制が求められるようになってきました。利便性や活気を失わずに、エネルギー消費を抑制した都市空間として、コンパクトシティが新しい都市の姿として求められるようになってきたのです。コンパクトシティの考え方を取り入れた都市としては、新しいタイプの路面電車(LRT)を採用し、同時に中心市街地への自家用車の乗り入れを制限するなどの施策に取り組んでいる、ドイツのフライブルクやフランスのストラスブールが有名です。日本においても、郊外から既成市街地重視へと都市開発の考え方が変化してきました。中心市街地の活性化を促進し、郊外に大規模小売店舗が立地することを抑制する政策が実施されています。都心部への居住を進め、郊外の開発を抑制する青森県青森市、LRTを新たに整備した富山県富山市などが現在意欲的な取り組みを行っています。

4-1 建築・空間デザイン

Keyword 2 アルゴリズミック・デザイン

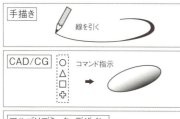
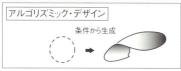

図1 「アルゴリズミック・デザイン」とは(渡辺誠)

図2 3次元CADによるデザイン(MAXXI)

　建築や空間の設計者は、3次元である実際の建築や空間をイメージしながら、それを2次元の図面として表現してきました。その作業を助けるために、以前よりコンピュータ上で図面を描画するソフトウェアであるCAD(コンピュータ・エイディッド・デザイン)が広く普及しています。もともと手書き製図のコンピュータ化から始まったCADは、手書き図面と同じく、2次元での図面作成を行う道具として使われてきました。しかし、コンピュータやソフトウェアの進歩を背景に、最初から3次元で建築や空間を設計することのできる3次元CAD(3D-CAD)が、実際の設計に用いられるようになってきました。曲線的な立体が複雑に絡み合う形状を持つMAXXI(設計:ザハ・ハディッド)などは、3次元CADなしには実現が困難であったでしょう。

　さらに近年、アルゴリズミック・デザインというデザイン手法が注目されています。アルゴリズミック・デザインとは、様々な要求や条件を満たすデザインを、コンピュータプログラムを用いて探し出し、新たな形態や構造を生み出していく手法です。設計者は必要な条件を整理し、3次元CADと連動したプログラムに入力することで、あるルール(アルゴリズム)における最適な解を表す建築や空間

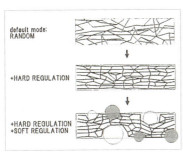

図3 ウエブフレームの生成アルゴリズム（大江戸線飯田橋駅）

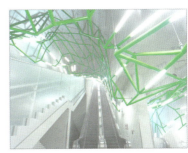

図4 大江戸線飯田橋駅（渡辺誠／アーキテクツ オフィス）

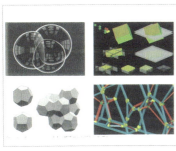

図5 北京オリンピックプールのコンセプト

図6 北京オリンピックプール

がコンピュータ内で自動的に生成されます。プログラムに入力する条件を少しずつ変化させることにより、設計者さえも想像しなかった様々な案を生み出すことができるのです。

　日本におけるアルゴリズミック・デザインの最初期の実例としては、飯田橋駅（設計：渡辺誠）が挙げられます。分岐角度や法規制、空間の広がりといった生成ルールを守りながら、細いフレームが網の目のように連続した空間を実現しました。また北京オリンピックプール（設計：PTWアーキテクツ＋中国建築行程公司＋アラップ）で用いられた、シャボン玉が接するように、まるで網の目のように組み合わされたフレームは、アルゴリズミック・デザインによって、複雑で有機的、かつ少ない材料で必要な強さを持つ形態を実現しています。

　アルゴリズミック・デザインを行うためのソフトウェアが今後さらに使いやすくなること、また建築スケールより大きな、都市スケールでの日照や風の流れを最適化する形態の研究や実現につながる発展などが期待されています。

◆ 推薦図書 ◆
日本建築学会編『アルゴリズミック・デザイン』鹿島出版会　2009

4-1 建築・空間デザイン

Keyword 3 モビリティのデザイン

図1　専用レーンを走るバス（クリチバ）

図2　チューブ型バス停留所（クリチバ）

　モビリティとは、ミクロには一人ひとりの移動を意味し、マクロには都市や地域全体の交通流動を意味します。モビリティを確保しつつ、同時に移動によって消費されるエネルギーを低く抑えることが、都市をデザインする上で大きなテーマとなっています。公共交通や自転車、歩行者環境の充実が求められています。
　まずはデザインによって公共交通の魅力を高めること成功している事例を紹介します。
　クリチバ（ブラジル）では、鉄道を整備する代わりに、先進的なバス交通システムを発達させています。バス停留所はモダンデザインのシャープな建物となっており、鉄道駅の改札と同じように、運賃を払い内部に入場します。到着したバスの車体からはタラップが降り、停留所とバスの間に空いている空間を橋渡しします。その他にも、バス専用レーンの設置などの様々な工夫によって、まるで鉄道のように、スムーズかつ大量な運行を実現しています。
　一方、近年ではLRT（ライト・レール・トランジット）が公共交通として世界的に注目されています。LRTとは高速で正確な運行と利用しやすさを両立させた、

デザイン工学が切り拓く社会と産業　4

図3　LRTと駅（ストラスブール）

図4　LRT（ストラスブール）

図5　ヴェリブ（パリ）

図6　ヴェリブのステーション（パリ）

　路面電車の発展形です。ストラスブール（フランス）は、かつては自動車交通に依存していました。しかし、近未来的で洗練されたデザインのLRTや停留所を整備し、同時に歩行者専用道路を充実させ、都市交通ネットワークを再構築結果、世界的にも注目される成功事例となりました。

　また、多くの都市で自転車交通の充実が図られています。パリ（フランス）では、ヴェリブと呼ばれるセルフレンタサイクルシステムが成功を収めています。サービス開始時から新しく特別にデザインされた自転車を10,000台以上、24時間利用できる駐輪場を750ヶ所用意した結果、短期間に多くの市民が利用する交通手段となりました。

　このように、交通手段を美しくかつ機能的にデザインし、同時に複数の交通手段を組み合わせることで、人々の交通行動を変化させ、持続可能な都市交通体系を作りだしていく事例が、世界中で広がっています。

◆ 推薦図書 ◆
森口将之『パリ流環境社会への挑戦』鹿島出版会　2009

4-1 建築・空間デザイン

Keyword 4 保全型景観デザイン

図1　石見銀山の町並み

図2　石見銀山

　物質的に豊かになることを社会が目指していた1970年代まで、建築や都市、景観を保全することは必ずしも評価されてきませんでした。しかしそれ以降現在に至るまで、環境やエネルギー問題が顕著になる中、景観や人間の生活そのものに価値を見いだし、保全していく機運が高まっています。歴史的環境の保全に関しては、歴史的な街並みを保全する制度である「伝統的建造物群保存地区」が1975年に制定されて以来、2009年現在で70を超える地区が指定され、歴史的なまちなみの保全策が講じられています。

　さらに近年では、景観保全の考え方が広がっています。一つは、文化的景観という考え方の浸透です。例えば、棚田や段々畑は、常に人の手が入らないと維持することはできません。文化的景観には、美しい農地や山林の景観そのものに加え、それを維持管理する地域の人々の活動も含まれます。1992年に世界遺産のカテゴリーの一つとして文化的景観が位置づけられ、日本においても2005年に、重要文化的景観を国が選定する制度が創出されました。現在、地域の文化的景観

デザイン工学が切り拓く社会と産業 4

図3　近江八幡1

図4　近江八幡2

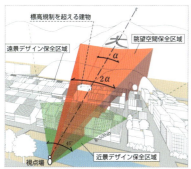

図5　京都における眺望景観の保全

図6　京都における眺望景観の保全（断面図）

を認め、その保全に取り組む自治体が現れています。島根県の石見銀山遺跡とその文化的景観は世界遺産として登録されています。また、滋賀県近江八幡市の水郷では、すだれやヨシズに加工されるヨシが生育する湿原環境が、国の重要文化的景観として最初に認定されました。

　もう一つは、都市景観の保全システムの発展です。京都市では2007年に、中心市街地では高く、周辺を囲む山並みに近づくに従って低くスカイラインが形成されるように建物の最高高さが設定されました。加えて、境内の眺めや通りの眺め、山並みへの眺めといった眺望が保全されるように、建物高さについての新たなルールが定められました。例えば、街なかから景観上重要な山々への眺望が確保されるように、建物高さに制限が加わったのです。欧米では、ロンドンにおけるセントポール寺院への眺望確保を目的とした高さ規制など、眺望景観の保全が以前より行われてきましたが、日本においては初めての総合的な眺望景観の保全システムといえます。

4 1 建築・空間デザイン

Keyword 5 **環境建築**

図1　アクロス福岡（エミリオ・アンバース，日本設計）

図2　糸満市庁舎（日本設計）

　地球環境の保全は人類にとって極めて重要なテーマです。建築についても、それを一つの閉じた存在として扱うのではなく、周辺地域との関係に基づいた環境への配慮が求められます。2000年に学会や設計者、建設業などの建築関係5団体が地球環境・建築憲章を発表しました。建築をつくる際に、長寿命、自然共生、省エネルギー、省資源・循環、継承について十分配慮して取り組むことを宣言したものです。このように環境への配慮を意識した建築は、サスティナブル建築、エコ建築、省エネルギー建築などと呼ばれています。

　事例を見てみましょう。アクロス福岡(1995)では階段状の屋上全面を緑化したステップガーデンを設けました。屋上の植栽は人々に憩いの場を提供すると同時に、表面温度を下げ、風をもたらす効果があることが確認されています。糸満市庁舎(2000)では、南面の太陽電池ルーバが強い日射の遮断と太陽光発電を行うことで複合的な省エネルギー効果を生み出しています。マレーシア出身の建築家ケン・ヤンが提案したEDITTタワーは、大胆な立体的植栽を意匠的に強調しながら、超高層建築物全体を一つのエコシステムとして構成する計画です。世田谷区の深沢環境共生住宅(1997)は自然エネルギーや雨水の有効利用、自然環境と

図3 EDITTタワー（ケン・ヤン）

図4 世田谷区深沢環境共生住宅（岩村アトリエ・市浦都市開発建設コンサルタンツ）

図5 アメルスフォート・住宅地区

の調和を図るための様々な設計の工夫や技術が取り入れられました。オランダのアメルスフォート市にはソーラーシティが建設され、太陽光発電によって地域の電力消費量の50%以上を自給できる計画となっています。

　建築のライフサイクルは、つくるための資材の製造や運搬の段階から、取り壊して廃棄に至るまでの期間で考えます。この間に排出される二酸化炭素の総量がライフサイクルCO2（LCCO2）です。LCCO2を低減するために、建築の計画にあたっては環境配慮の手法や技術を良く理解した上で、材料の選定から、使い始めてからの運用や修繕のありかた等にも事前に十分考慮しておく必要があるのです。二酸化炭素の排出が少ない低炭素社会の実現に向け社会制度も変わりつつあります。2009年4月には省エネ法が改正され、建築物にも一層の省エネルギー対策が求められるようになりました。建築の環境配慮の効果を環境性能として評価し、格付けするシステムも開発され、日本では、「建築物の総合的環境評価システム」（CASBEE）が普及しています。

◆ 推薦図書 ◆
日本建築学会編著『地球環境建築のすすめ』彰国社　2002

4-1 Keyword 6 都市の再生

建築・空間デザイン

図1 ビルバオ・グッゲンハイム美術館（フランク・O・ゲーリー）

図2 三菱1号館・丸の内パークビルディング

図3 ソニーセンター（ヘルムート・ヤーン）

　都市や地域の再生プログラムが国や地方自治体の政策に組み込まれています。都市の魅力や活力を向上させ生活空間を充実させることが、国内外での都市間競争力を高め、経済発展や環境形成、社会の安定に結びつくと考えられるためです。

　スペイン・バスク州の都で伝統的な工業都市として栄えたビルバオは、1980年代、経済環境悪化による失業者の増加や社会不安の増大に悩んでいました。州政府はビルバオを中心とした都市圏の再生のため、基盤整備や再開発を積極的に進めました。グッゲンハイム美術館(1998開館)の誘致、著名な建築家を起用した新空港や地下鉄駅の建設など、都市再生プロジェクトが多数展開された結果、観光客が飛躍的に増加、ビルバオは工業都市から観光・文化都市への転換に成功しました。また、ドイツ・ベルリンの中心地として20世紀前半に栄えたポツダム広場は、第二次世界大戦により完全に破壊され、広場は壁によって東西に分断されました。ドイツ統一後、この地にソニーセンター、ダイムラー・クライスラー・シティなどが新たに建設され、ポツダム広場は再び人々が集うベルリンの中心として蘇りました。

　日本では、長引く不況の緊急経済対策の一つとして政府は2001年、内閣に都

図4　高松丸亀町商店街

図5　シャッターが下りた地方都市の商店街

市再生本部を設置、翌2002年に都市再生特別措置法を施行しました。東京駅・有楽町駅周辺地区はこの法律に基づき民間の都市開発投資を促進する都市再生緊急整備地域の一つに指定されました。東京駅の赤レンガの駅舎を保全し、その上空の開発権の移譲を受けて建設された新丸の内ビルディング(2007)、都市再生特別地区として再開発された三菱1号館・丸の内パークビルディング(2009)などの建設が続いています。

　一方、日本の多くの地方都市では郊外の大型店舗に集客を奪われ中心市街地の衰退に直面しています。高松市中心部の丸亀町商店街では、販売額や通行量の急速な低下の中、商店街全体を一つのショッピングセンターに見立てた再生計画を再開発事業によって進めました。地方都市では華やかな成功に結びつく例は必ずしも多いとはいえませんが、各地で都市経営の視点を重視したタウンマネージメント組織（TMO）が結成され、地域再生の努力が続けられています。

◆ 推薦図書 ◆
岡部明子『サステイナブルシティ―EUの地域・環境戦略』学芸出版社　2003

4-1 建築・空間デザイン

Keyword 7 リノベーション

図1 ガソメータ
（ジャン・ヌーベル、コープ・ヒンメルブラウ他）

図2 テート・モダン（ヘルツォーク＆ド・ムーロン）

　建築物の持続的な活用を目的に補修・改修を行い、建築を現代の性能要求に対応できるように価値を高めたり、新しい価値を加える行為が建築のリノベーションです。歴史的な建築物を、現在の構造基準に適合するように改修し、さらには美術館や図書館へと用途を転換する例や、都心の空きオフィスに住宅に必要な設備を整え、賃貸アパートへと転用するような例などがあります。マンションの大規模な改修もリノベーションの一つです。用途の変更をともなうリノベーションをコンバージョンとも呼びます。リノベーションの基本は、既存の建築ストックの価値を重視する考え方です。

　ウィーンにあるガソメータ(2001)は19世紀末に建設されたレンガ張りの4基のガスタンクを活用し、住宅や商業施設へと転用した事例です。ロンドンのテート・モダン(2000)はテムズ川沿いの閉鎖された火力発電所を現代美術館に転用、館内の大型発電機が設置されていた場所にはタービンホールと名付けた巨大な展示スペースが設けられています。東京・上野の国際子ども図書館は1895年に建築された帝国図書館（後に国立国会図書館支部上野図書館）の外装や内装復元、免震補強を行う一方、ガラスによるエントランスやラウンジ部分を増築したものです。

デザイン工学が切り拓く会社と産業 4

図3 日土小学校
(原設計：松村正恒、保存再生：八幡浜市教育委員会、日本建築学会四国支部日土小学校保存再生特別委員会、和田耕一、武智和臣)

図4
国際子ども図書館
(保存再生：安藤忠雄、日建設計)

図5
TBWA\HAKUHODO
(クライン ダイサム)

　今日の日本の建築は数十年で建て替えられるものが多く、建築ストックを重視する考え方が育ってきませんでした。欧州では建設投資の約50％以上が維持・修繕にあてられているのに対し、日本での割合はいまだ25％程度です。しかし社会はストック重視の方向へと向かいつつあります。

　愛媛県の八幡浜市立日土小学校(1958)も、老朽化や耐震上の問題のために建替が計画されていました。しかし、名建築として名高い校舎を保存すべく卒業生や地元、学会が保存運動を展開し、ついに保存再生が実現したものです。原設計の図面をもとにした忠実な再生を現在の技術が可能にした、新しい価値の創造といえるでしょう。

　知的生産性を向上させるため企業経営の視点から新しいオフィスの形態を取り入れている企業も出てきました。TBWA\HAKUHODO(2007)は、東京・芝浦のボーリング場の大空間をリノベーションによって広告会社の先端的なオフィス空間へと転用したものです。

◆ 推薦図書 ◆
松村 秀一『団地再生 甦る欧米の集合住宅』彰国社　2001

自習のポイント

1 コンパクトシティ
コンパクトシティの長所と思われる点、短所と思われる点を箇条書きで列挙してみましょう。

2 アルゴリズミック・デザイン
アルゴリズミック・デザインに応用できるルールについて考えてみましょう。イメージしやすくするために、都市や建築において、最大（あるいは最少）化することにより、形に影響を与えると思われる要因を、思いつく限り箇条書きで列挙してみましょう。例：窓における日照の享受（日照を最大限に確保するためには、窓への日照をさえぎる建築物の高さや規模を抑える必要がある）

3 モビリティのデザイン
徒歩を含む様々な交通手段、あるいはそれらの交通手段の変更（乗り換えなど）をスムースにする実際の取り組みや自分自身のアイデアを、箇条書きで列挙してみましょう。

4 保全型景観デザイン
都市景観を保全するために、どのような高さ規制が有用でしょうか。実際の取り組みや自分自身のアイデアを箇条書きで列挙してみましょう。

5 環境建築
最近の建築には様々な省エネルギー技術が用いられています。省エネルギー技術を五つ以上見つけて、それぞれの効果について調べてみましょう。

6 都市の再生
あなたが住む街の近くの都市や地域の再生の取り組みについて調べ、それが空間の姿や人々の暮らしにどのような影響を与えているか考えてみましょう。

7 リノベーション
古い建築のリノベーションを行うとき、現代の生活スタイルに適合させるためにはどのような改善が必要か、住宅を例に考えてみましょう

4.2 プロダクトデザイン

デザイン工学が切り拓く社会と産業

デザインの基本の考え方

　2章では現在の様々なプロダクトデザインを幅広く紹介しました。これらの製品は、ユーザーや社会の要求のために工夫され、アイデアや技術革新により製品化されたものばかりです。紹介された優れたデザインはどのような考えでデザインされているのでしょうか？　この節ではプロダクトデザインはどのような考え方でデザインされているのかを、学ぶことにします。以下に述べることは、どんなに小さな製品や複雑な製品にも共通する考え方なのです。各デザイナーによってこれらに対する考えや思いが異なり多様なデザインが可能ですが、これらの考え方はデザインを進める上で最も基本となる考え方なのです。これらの考え方はいわばデザインという果実を得るための、肥料といえましょう。おいしい果実を得るために欠かすことができない栄養分：考え方を学ぶことにしましょう。

プロダクトデザイン

4 **2**

Keyword *1* # ユニバーサルデザイン

想定対象者のイメージ

ユニバーサルデザイン　　　　　　　バリアフリー

子供　成人　元気高齢者　衰弱高齢者　　　　　要介護障害者

バリアフリーは、加齢による身体の機能低下が進んだ人や、介護の必要な高齢者、障害者などの、衰えた機能を補おうとする考え。ユニバーサルデザインは対象を障害者に限定していない点がバリアフリーとは異なり、「もとからバリアを無くす」を目指すのがユニバーサルデザインの真の狙いです。

図1　想定対象者　ユニバーサルデザインとバリアフリーデザインの違い

多くの人が使えるように、始めから配慮する

　ユニバーサルデザインとは、デザイン行為に当たって、できるだけ多くの人が利用可能であるように、始めから配慮して、設計、計画をすることをいいます。（想定対象者図1参照）　この理念は、アメリカの建築家であり、工業デザイナーであったロナルド・メイス氏が1985年に提唱したもので、以下七つの原則を提示しています。

　　1：公平な実用性　（Equitable use）

　　2：柔軟性に富む　（Flexibility in use）

　　3：単純で直感的に利用できる　（Simple and intuitive）

　　4：わかりやすい情報伝達　（Perceptible information）

　　5：エラーに速やかに対応できる　（Tolerance for error）

　　6：労力が少なくてすむ　（Low physical effort）

　　7：利用しやすい大きさと空間　（Size and space for approach and use）

　その後、1990年にADA法（障害のある人に関する差別禁止法）が制定され、ユニバーサルデザインの考え方は世界に広まっていきました。日本では先進国の

デザイン工学が切り拓く社会と産業　4

図2　缶のプルトップと点字

図3　シャンプーの触覚記号

図4　国際的に通じるトイレマーク

図5　センサーで取り締まるETCシステム

図6　様々な配慮のされた自動車の運転席

中で特に高齢化の速度が速く、2015年には人口の4分の1が65歳という超高齢化社会を迎えます。ですから、ユニバーサルデザインの思想は強く認識されるようになり、「モノ」、「空間」、「情報」を設計しデザインする際は、社会責任という面で、これらの配慮が必要となってきています。

　ユニバーサルデザインを実践するには、使っている人をよく観察することが第一です。使用者の使用実態やインタビューから、課題を導き出し、その解決案を作成し、その案を試作して、実際に使ってもらって評価をすることが必要です。また、社会に提供した後も、さらなる改良を加えることが必要で、これをユニバーサルデザインのスパイラルアップといいます。

　人間には年齢・性別、体格、言語の違い、といった当たり前のものから、障害の有無、といった様々な差異があります。その中で、世界中の人が、色々なところに移動し、多量の情報を共有する時代となりました。従って、これら交通機関や情報機器に関係する表示や使い方は、できるだけ多くの人に、スムーズに受け入れられることが、社会のために必要となってきているのです（ユニバーサルデザインの事例　図2～図6）。

4-2 プロダクト・デザイン

Keyword 2 感性デザイン

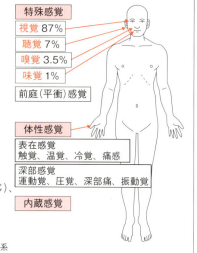

ヒトの感覚
① **特殊感覚**：視覚、聴覚、味覚、嗅覚、前庭感覚
　各細胞で神経活動に変換し脳で処理
　視覚：光を網膜の細胞で—
　聴覚：音波を内耳の有毛細胞で—
　味覚：食物の科学物質情報を、舌、咽頭、喉頭蓋
　　　　などの味覚細胞で—
　嗅覚：空気中科学物質情報を鼻腔の奥にある
　　　　嗅細胞で—
　前庭感覚：頭部の傾き、動き（加速度）などを
　　　　　　内耳の半規管などで—
② **体性感覚**：表在感覚（皮膚感覚）と深部感覚
　・表在感覚→触覚、温覚、冷覚、痛感
　・深部感覚→
　　　運動覚（関節角度など）、圧覚（押さえられた感じ）、
　　　深部痛、振動覚
③ **内蔵感覚**：臓器感覚（吐き気など）

特殊感覚
視覚 87%
聴覚 7%
嗅覚 3.5%
味覚 1%
前庭（平衡）感覚

体性感覚
表在感覚
触覚、温覚、冷覚、痛感
深部感覚
運動覚、圧覚、深部痛、振動覚

内蔵感覚

図1　人の感覚の体系

感性を刺激するデザイン

　感性とは、外界からの刺激を受け止め、心に深く感じ取る感覚的能力です。人の感覚は色々なものがあり、全てが感性にかかわっているといえます（図1）。感性はその大半の過程が、直感的で、無自覚無意識のうちに起こる脳内プロセスであり、物事を理論的に判断・理解する、理性や知性とは大きな差異があります。感性で得た感覚情報は、次に、判断や理解をするための重要な材料となるのです。

　物質的、機能的に満たされた現在、人に望まれ、市場で成功するためには、使用する人の立場での、使い心地や受け容れられ方、すなわち、人間の感性をテーマにした、商品づくりや情報サービスが重要とされ、感性デザインが注目を浴びてきています。

　感性デザインを行う際には、対象に対して、それを使う人が感じる感性品質に、どんなものがあるか認識することが必要です。感性品質は商品によって色々な要素があるので、それらが、どのような感覚を誘導しているのか、多面的に把握します。その上で、意図したターゲットにふさわしい設計やデザインをしていきます。このように、感性デザインの過程で、目に見えない感覚を数値化してい

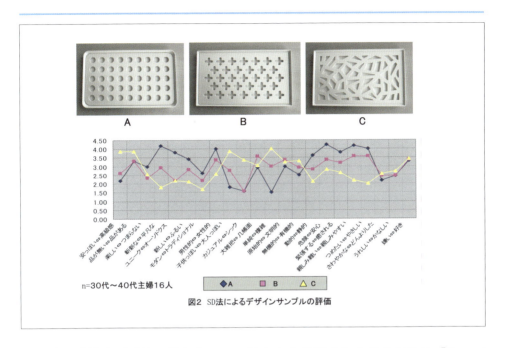

図2 SD法によるデザインサンプルの評価

く一連の手法を「感性工学」といい、日本から発信されたこの名称は「Kansei engineering」として世界中で使われています。

　感性工学では感性を測定する方法として、様々な手法があります。SD法は感性アンケートの代表的なもので、「明るい－暗い」とか「楽しい－悲しい」など、相対する意味の言葉を用意し、その間を一般的に5段階に分けて、得点形式で評価するものです（図2）。アンケートには一定以上の人数が参加したほうが信頼のある結果につながります。また、アンケートの感性ワードは評価する対象によって変わります。他にも、アンケートの結果を解析にかけ、グラフに配置し、対象物同士の距離で傾向を見る手法もあります（主成分分析）。これらの手法により、対象に対して人が抱いている感性の把握を、数値的に行うことができます。

　感性デザインは、設計や、デザインに無くてはならないものとなってきており、感性を測る研究は今後益々発展していくと考えられます。

◆ 推薦図書 ◆
井上勝男編『デザインと感性』KAIBUNDO　P176～202

4-2 プロダクトデザイン

Keyword 3 エコロジーとデザイン

図1　風力発電

図2　屋根に付けられたソーラーバッテリー

生態系とヒトの生活を研究する

　近年「エコ」という言葉がマスコミの話題となっています。この言葉はエコロジー 'Ecology' 生態学の略称です。生態学とは生物の個・群の生死、世代交代などその環境を総合的に研究する学問です。植物や動物が生活し世代を継承する環境を生態系と呼びますが、近年話題となっているエコとは生物の営みと取り囲む地球環境・生態系全体を意味しています。私たちは生態系の中の人類という一種に過ぎないのですが、必要以上に無駄な生産や消費したりすることで、地球温暖化・大気汚染・天然資源の枯渇・生物種の絶滅などが進行し、大きな問題となっているのです。現在国際的な政治課題として地球温暖化や省エネ対策など様々な取り組みが進められています。石油・石炭などの化石燃料を使わず、自然エネルギーを活用した風力発電や（図1）、太陽光を利用したソーラーバッテリー（図2）の技術開発はその一例です。生活をエコという視点で見ると改善すべき点がたくさんあることに気づきます。図3は排水を1/10に節水することができる新しく

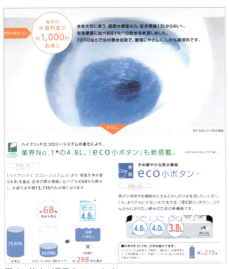

図3 節水が目玉のエコ・トイレ
（TOTO『レストルーム』カタログ（09.11）より）

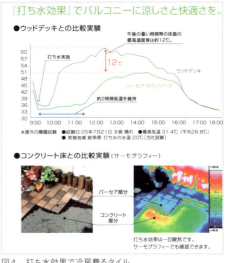

図4 打ち水効果で冷房費るタイル
（TOTO『タイル、建材商品ラインナップ』
2009-2010（09.4）より）

デザインされたトイレです。図4はベランダや庭に散水することから冷房費を節約できるタイルです。これらの製品は日本の美徳である「もったいない」精神から提案されたエコロジーデザインなのです。今後のデザイナーにはものを生産するだけでなく、環境に優しく・生態系と調和し・自然と共生し・持続可能にする、環境と製品の廃棄まで責任を持つ総合的なエコデザインの視点と責任がもとめられているのです。

　デザインを進化という別な視点で見ることにしましょう。動物が形態・機能を変え進化したのに対し、ヒトは道具や技術革新により環境に抵抗進化した点が異なります。生物はその生態系の中で環境に適応・調和するように進化を遂げた一種の神様のエコデザインともいえましょう。ヒトは道具・機械・技術を用いて環境に適応し進化した、換言すればエコデザイン技術により進化を遂げた例外的な生物ともいえましょう。現在私たちの環境は大きく変化しています、新しい環境に創造的なデザイン工学技術を用いて、より素敵な世界に進化させたいものです。

4-2 プロダクトデザイン

Keyword 4 ユーザーインターフェースデザイン

図1　UI提案ライフウォール（パナソニック）

図2　GUIデザイン例（パナソニック）

わかりやすく・使いやすく

　インターフェースとは、二つのものの間にあって情報のやり取りを仲介することで、機器間の接続に関するハードウェアインターフェース、プログラム間のデータのやり取りに関するソフトウェアインターフェース、機器とユーザー間のやり取りに関するユーザーインターフェースの三つに大別できます。

　ユーザーインターフェースデザイン（UIデザイン）とは、ユーザーが機器を操作する上で、状況をわかりやすく、使いやすくすることです。現在では、携帯電話やデジカメだけでなく洗濯機や冷蔵庫にもコンピュータが内蔵され、便利な機能はあるが使いにくい状況が多く見られます。UIデザインは、人にやさしく使いやすい製品を実現するための重要な手段になっています。

　UIデザインが注目されるようになったのは、コンピュータにおけるCUI（Character User Interface）の一部がGUI（Graphical User Interface）に置き換わってからです。現在では、製品に組み込まれているGUIだけでなく、ユーザーがカスタマイズできるGUIもあります。また、インターネットのブラウザ画面にもGUIは使用されています。

デザイン工学が切り拓く社会と産業 4

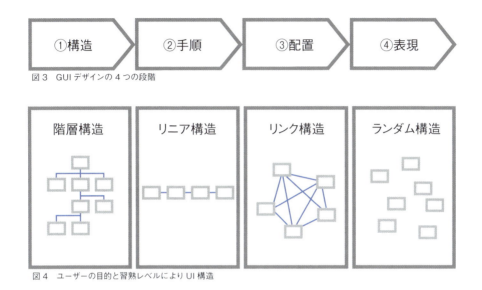

図3 GUIデザインの4つの段階

図4 ユーザーの目的と習熟レベルによりUI構造

　GUIのデザインは、四つの段階で考えることができます。①構造　②手順　③配置　④表現　です。構造は、ユーザーの目的、習熟レベルに合わせることが必要です。初心者には、順番に説明していく階層構造がわかりやすいでしょうが、目的が明確なユーザーには、ランダム構造の方がストレスのない操作が可能でしょう。手順は、目的に対して最短であるとともに現在位置がわかる必要があります。操作の途中で迷路に入り込まないようにすることが重要です。配置は、人の感覚に合っていることが大切です。ボタンの機能は、上下左右に配置することで意味を持ちます。また、よく使うボタンの配置には配慮が必要でしょう。表現は、親しみやすく、理解しやすくするためにアイコンなどのデザインにメタファー（metaphorとは、言語表現における修辞技法の一つで、デザインで用いる場合は、具体的な機能、用途をイメージさせる表現のネタをいう）を効果的に使用します。そして、操作結果を画面の変化や音によってフィードバックさせることで人にやさしいUIデザインが実現できます。

◆ 推薦図書 ◆
D.A. ノーマン、野島久雄訳『誰のためのデザイン？　認知科学社のデザイン原論』新曜社 1990
情報デザインアソシエイツ編『情報デザイン　分かりやすさの設計』グラフィック社 2002

4 **2** プロダクトデザイン

Keyword *5* 近年の様々なデザインの取り組み

　ここでは，近年の主要なデザインの取り組みの特徴を、大きく社会環境、ビジネス環境，使用環境の三つのうち何に留意、対応しようとしたものであるかという観点から整理することにします。

①Sustainable Designとは社会環境に留意した概念です。あらゆる製品とサービスの環境負荷を地球の臨界容量の枠内に抑え、「持続可能な社会」へと転換を図るデザインのことで、Eco Designも同義です。製品の生産・出荷だけでなく、その回収と素材のリサイクルまでを考えたインバース・マニュファクチャリングが大切であるとする概念です。欧州を中心に現在展開されているProduct Service Systemもほぼ似たような概念です。

②Product Line-up Designとはビジネス環境への対応から生まれた概念です。すなわち、どんな商品であっても、市場を構成する顧客は全員が全く同じニーズや欲求を持っていることはあり得ず、それぞれの顧客の過去の購買経験や現在の使用環境に応じて各自が少しずつ異なったニーズを持っているのが普通です。できるだけ同質的なニーズや欲求を持つ人たちに対して最も適合した商品・サービスを提供するためのLine-upを計画する概念です。

③Interaction Design（相互作用デザイン）とは使用環境に言及したデザイン手法で、的確な操作性による心地よい快適性を求めるもので、情報世界と物理的・生物的世界をつなげていくデザインの手法である。

④同様にHuman Centered DesignあるいはUser Centered Designも使用環境に言及したもので、作り手の論理ではなく使い手の視点に立ったデザインを重視し、人間の認知の仕組みに合わせ、人間が学習することなく、生まれ持った能力だけで製品が取り扱えるようにデザインすることを目指したものです。

⑤Barrier Free DesignやUniversal Designも使用環境に言及したものです。Barrier Free Designとは、障害者を含む高齢者等の社会生活弱者が社会生活に参加する上で生活の支障となる物理的な障害や精神的な障壁を取り除くためのデザインを意味します。Universal DesignはBarrier Free Designの発展形で、文化・言語の違い、老若男女といった差異、障害・能力の如何を問わずに利用することができる施設・製品・情報のデザインを目指すものです。

⑥User Experience Designは、製品やサービスの使用、消費、所有を通じて得ら

れる有意義な体験を重視するデザインで、ユーザーが真にやりたいこと（本人が意識していないこともある）を楽しく、面白く、心地よく行えることを、機能や結果あるいは使いやすさとは別の「提供価値」として考えるデザインで、ビジネス環境に対する意識も多少含まれています。

⑦Emotional Design は面白さ、楽しみ、興奮といった情動（emotion）を大切にし、使いやすいデザインと使って楽しくなることを共存させることを目指すデザインで、考え方としてはUser Experience Design と近いといえます。

⑧Service Innovation Design とは、ユーザーが受けとる有意義な体験とそれを提供し、支えるシステムをもデザインの対象とする考え方です。ユーザーとモノとの界面だけをとらえるならばUser Experience Design とは似た考え方ですが、Service Innovation Design は、製品の販売から購入、アフターサービス、廃棄までその全てをサービスとして捉えてデザインの対象とするものです。製品だけでなく，空間も情報もファッションもデザインの対象であり、レストランやスーパーマーケットなどのバックヤードもデザインの対象としてとらえる広い概念です。その意味では、ビジネスだけでなく、社会環境も視野に入れてデザインしようとする概念です。

さて、③から⑧は提唱された順に並んでいますが、それぞれ前の考えを徐々に拡張していったものととらえることができます。Interaction Designを直接的に拡張したものがHuman CenteredあるいはUser Centered Designであり、ユーザーの対象をさらに拡張した考え方がBarrier FreeやUniversal Designであるととらえることができます。User Experience Design やEmotional Design も同様で、使用環境を生理的な面から有意義な経験や情動にまで拡張した考え方であるととらえることができます。⑧のService Innovation Designも近年の様々なデザインの取り組みのほぼ全てに立脚した上で、それをさらに拡張した概念としてとらえることができますが、使用環境だけでなく、社会環境、ビジネス環境にも立脚している点が他と異なるといえます。

自習のポイント

1 ユニバーサルデザイン

ユニバーサルデザインの事例を一つあげ簡潔に説明してください。

2 エモーショナルデザイン

エモーショナルデザインの事例を一つあげ簡潔に説明してください。

3 エコロジーデザイン

エコロジーデザインの製品事例を一つあげ簡潔に説明してください。

4 インターフェースデザイン

インターフェースデザインを考える場合に注意すべきことは何ですか。

5 システムデザイン

システムデザインの事例を一つあげ簡潔に説明してください。

4.3 エンジニアリングデザイン

デザイン工学が切り拓く社会と産業

　自動車が誕生して約100年、産業用ロボットは約40年、携帯電話は約20年の歴史の中で、利便性や性能の向上、手に入りやすい価格の実現、故障の低減などが着々と進んできました。

　これからも、エンジニアリングデザインの進歩により、世界中の人々が新たな利便性、快適性、安全、健康などを手に入れることが期待されます。

　本節では、その事例として、ホームロボット、次世代携帯電話、軽量化新材料、医療向け新技術、電気自動車の要素技術、光応用技術などを紹介致します。

　新たなサービスや新製品は、科学技術の進歩と社会の要請とがマッチングして誕生していくことを理解しましょう。

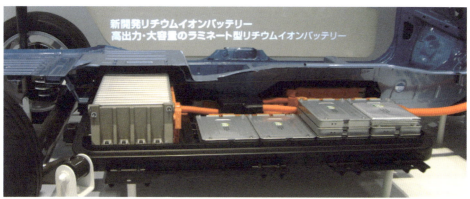

電気自動車とバッテリー（日産自動車）

4.3 エンジニアリングデザイン

Keyword 1 ホームロボットサービス

ホームロボットサービスの例
- 教育支援サービス
- 秘書サービス
- パーティサービス
- 介護、介助サービス
- その他のサービス

　ホームロボットサービスとは、ロボット技術を用いて、家庭内でのサービスを実現することを指します。ただ現状では、ホームロボットサービスが試験的に稼働したいくつかの例はありますが、商業ベースで実用化されて普及している例はほとんど無い状況です。現在、様々な研究機関でホームロボットサービスの実用化に向けて精力的に研究を進めているところです。ホームロボットサービスとして期待されているサービスとして、教育支援サービス、秘書サービス、パーティサービス、介護サービス、介助サービス、などが挙げられます。これらのサービスは、現状で、人の力に頼らざるを得ないサービスでありますが、力仕事でもあり、負担のかかる仕事でもありますので、サービスをする人の人手不足などの問題も生じています。これらの問題を解消する一つの鍵となる技術として、ホームロボットサービスが挙げられます。将来的には、ホームロボットサービスに関する研究や技術開発も進み、実用化されて、各家庭で普及することが期待されています。

　ここでは、ユビキタス技術を用いたホームロボットサービスについてご紹介します。ユビキタス技術とは、環境上にシステム要素を分散して、サービスをユー

4 デザイン工学が切り拓く社会と産業

ザに意識させない仕組みです。ロボット技術は、センサ技術、コントローラ技術、アクチュエータ駆動技術などの各種要素技術に分解することができ、これらの要素技術のことをRT(Robot Technology)と呼んでいます。これらロボット要素技術RTを、環境内に分散配置することで、居住者が意識しない形で、ロボットサービスを実現することを、ユビキタスホームロボットサービスと呼んでいます。このユビキタスホームロボットサービスでは、居住環境に各種のセンサやアクチュエータをたくさん組み込んで、環境側からサービスをサポートすることを目指しています。環境に埋め込まれたセンサには、レーザ距離センサやカメラなどのイメージセンサが用いられていて、人の移動や物の位置を把握します。物や床面には、RF-IDタグ技術（SUICA、PASMOなどのように電磁誘導現象を利用して、離れたものの情報や属性を読み取る技術）が使われていて、物の位置や属性を把握します。このように、ロボット、人、物のそれぞれの位置関係や属性を把握することで、サービスを確実なものにすることが可能となります。ロボットを高機能化する一方で、環境側にもロボット要素技術RTを埋め込みながら工夫をしていくことで、確実かつ、円滑なホームロボットサービスの実現を目指しています。

4-3 エンジニアリングデザイン

Keyword 2　ハードウェア・ソフトウェアコデザイン

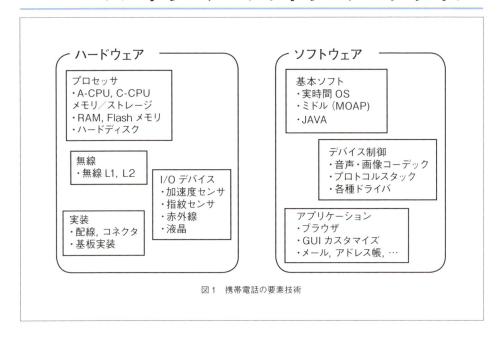

図1　携帯電話の要素技術

　組込みシステムは、コンピュータ等の電子部品から成る物理的な装置（ハードウェアあるいはハードと呼びます）と、コンピュータがどう動作すべきかを記述したプログラム（ソフトウェアあるいはソフトと呼びます）で構成されます。

　従来の組込みシステムの設計では、ハードとソフトを分け、それぞれの目標を達成するように設計してきました。例えば、低消費電力という目標では、ハードは部品を超小型化して電流を下げようとし、ソフトは新しい画像圧縮方法を考案し、計算の手間が掛からないよう工夫します。実際は、図のようにハードもソフトもさらに細かく分割（モジュール化）されて、それぞれに設計されます。

　このような設計法では、ハードの技術者はハードだけ、ソフトの技術者はソフトだけをきちんと理解し設計できれば十分でした。しかし、それでは性能向上に限界があることがわかってきました。これからは、ハードとソフトを一緒にデザインしていくことが求められます。これをハードウェア・ソフトウェアコデザインといいます。コデザインは、協調設計と訳されることもあります。ハードとソフトの技術者が協調して設計していく、という意味です。

4 デザイン工学が切り拓く社会と産業

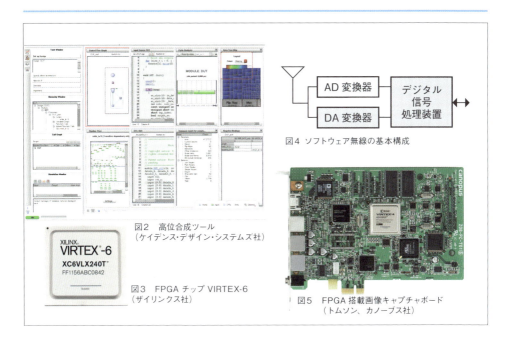

図2 高位合成ツール
（ケイデンス・デザイン・システムズ社）

図3 FPGA チップ VIRTEX-6
（ザイリンクス社）

図4 ソフトウェア無線の基本構成

図5 FPGA 搭載画像キャプチャボード
（トムソン、カノープス社）

　コデザインの例を見てみましょう。典型的なのは、FPGA（Field Programmable Gate Array）という電子部品でこれはすでに利用されています。FPGAを使うと、ソフトをつくるようにハードを設計できます。ソフトのように簡単に機能が変えられる上に、ハードなので高速で低消費電力です。ただし、従来のハード・ソフトにFPGAをどう組み合せていくかを設計するには、両方の知識が求められます。

　もう一つの例は、ソフトウェア無線という将来技術です。これまで、携帯電話などの無線通信機器においては、送受信の回路は全てハードでした。このため、通信方法（無線周波数や無線変調方式）を国際標準として決めてからハード設計をするしかありませんでした。しかし、ソフトウェア無線では、それらの処理をソフトで行います。このため、通信方法をどんどん変更できるのです。例えば、携帯電話を持って移動した先の地域で、空いている周波数を使って通信することも可能になりますし、ハードを変えずに、通信速度を速くしたり、逆に通信速度は遅いけれど消費電力を低くしたりといったことが簡単にできるようになります。これによって、これまでとは全く違う電波の使い方が可能になると考えられています。

Keyword 3 ユビキタスコンピューティング

図1　セカイカメラ（頓智ドット株式会社）

図2　メガネ型網膜走査ディスプレイ（ブラザー工業）

　これからの携帯電話の世界が変わる可能性のある技術として、ユビキタスコンピューティング（Ubiquitous Computing）を紹介します。

　ユビキタスコンピューティングという概念は、1990年頃に米国の計算機科学者Mark Weiserが研究し発表しました。「これからのコンピュータは、実世界のどこにでも存在し、利用者が気づかずに使っている、そういうものでなければならない」という考え方です。ユビキタスというのはどこにでもあるという意味です。

　気づかない、というのですから、自然な機器の操作（p.97）の究極ということです。このためには、コンピュータ自身が実世界の中に溶け込まなくてはなりません。例えば、QRコードはかなり不自然でぎこちない使い方になりますが、おサイフケータイは自然な動作で、だいぶ理想に近づいているといえるでしょう。

　これをもっと進展させた研究に、図1、2のような拡張現実感（Augmented Reality）があります。利用者が景観を見るだけで、そこに説明を付けたり、行き先を案内したりしてくれます。利用者と機器との間の操作全般をユーザインタフェースといいますが、この研究は今後益々重要になります。

4 デザイン工学が切り拓く社会と産業

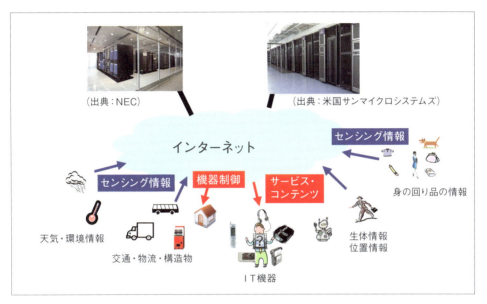

　ユビキタスコンピューティングのもう一つの特徴は、コンピュータ同士がネットワークでつながっていることです。実世界の中に置けるような小型コンピュータの性能は高くありませんが、ネットワークで接続された、別の場所にある超高速コンピュータを使って情報処理をし、その結果だけを利用すればよいのです。最も典型的な例は、交通案内のサービスです。自分のパソコンに、写真や音楽データを入れている人も多いと思いますが、ネットワークの向こう側にある超高速コンピュータに入れれば、写真の整理や検索だって超高速です。例えば米国のGoogleという会社は、そういう世界を目指して、Webページ、世界中の航空写真、ストリート画像、本などのあらゆるデータを自社のコンピュータに蓄えています。
　これにより、世界のビジネスが変わります。モノを売る時代からサービスを売る時代になります。不要な機能満載のソフトを買い取るのでなく、使いたいサービスを使った分だけ利用料を払うのです。広告を掲載した無料サービスもどんどん増えるでしょう。こういった世の中の変化を理解し、その先を行くためには、ソフトウェアや通信の技術がまず必要です。その上で、コンテンツデザイン、ビジネスモデル、著作権など従来よりもはるかに幅広い知識が求められるのです。

4.3 エンジニアリングデザイン

Keyword 4 リチウム電池

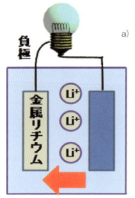

図1　リチウム電池の構造とそのプレス外装品

　電気自動車、携帯電話などのエネルギー源として、電池とりわけ軽量で高機能なリチウム電池が注目されています。リチウム(Li)は金属中最も比重が小さく、その酸化還元（充放電）現象が電池として利用されます。図1a)に示すように、金属リチウムがイオン化する（酸化する）と充電モードに、その逆の反応（還元）によって放電モードになります。この反応は繰り返し生じますが、材料劣化あるいは過度の反応が生じると燃焼・爆発が起こる危険性があり、電池は金属容器に封入する必要があります。図1b)のような、細くて長い金属製電池外缶を製造するには、金型を使って、素材の金属シートを少しずつ絞り込んで成形します。100万個以上の大量生産が通常であるため、このプレス成形には、素材（ニッケル被膜鋼板やステンレス鋼板）と金型との焼付き、金型の摩耗・破損を防止するため、多量の潤滑油およびそれを落とすための洗浄剤が必要となります。環境負荷低減および生産コスト低下のためには、この潤滑油・洗浄剤使用を最少限にするドライプレス加工も実用段階に入りつつあります。近い将来、世界に先駆けて日本では、環境にやさしい電池づくり技術が実用化されるでしょう。

　次世代のリチウム電池では、「より軽くてより安全で高性能」が求められます。

4 デザイン工学が切り拓く社会と産業

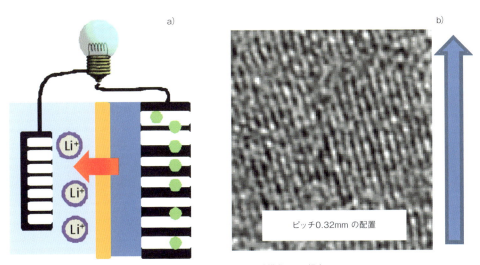

図2 次世代のリチウム電池構造とその提案

そのためには、図1a)に示した電池の構造において、大量の金属リチウムを保持でき、耐熱性を有し、充放電サイクルに対して十分な耐久性のある電極開発が不可欠です。カーボン素材や酸化物が、リチウム電池の負極として利用されていますが、まだまだ改良が必要です。将来の空気電池にも展開できる、有力な負極材デザイン候補は、図2a)のように炭素原子がナノメートルオーダーの間隔で平行に配列した、櫛状電極であり、電解液を介して正極材あるいは空気と対にすれば電池を構成できます。図2b)が、基材に対して垂直に配列させたカーボン膜です。グラファイト電極などと異なり、アモルファス状態から規則化しているため、金属リチウムを内蔵する空間が大きく、電解質との接触面積も広いことが特徴です。櫛状に配列している炭素表面を触媒などにより修飾し、触媒担体として空気電極に利用することも可能です。電気自動車用の大容量リチウム空気電池の実用化で、我が国が世界に約束した99年度比で25％のCO_2削減の目標も達成できそうです。

◆ 推薦図書 ◆
E. Iwamura and T. Aizawa: Mater. Res. Soc. Symp. Proc. 960 (2007) N12.

4.3 エンジニアリングデザイン

Keyword 5 光学素子

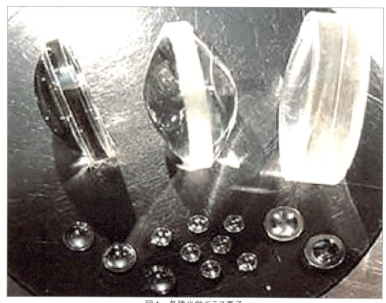

図1 各種光学ガラス素子

　これまでレンズといえば、望遠鏡・顕微鏡・カメラでした。種々の形状のガラスレンズを組み合わせることで、レンズの収差を補正し、星座の観測・細胞の解析・フィルム映像が可能となりました。しかし現在、画像素子CCD・光ファイバー、小型レーザー・LED、光るたんぱく質などの発明発見により、私たちの身の回りで「光」を使う場面が増えています。すでにインターネットは光ケーブルで行っていますし、癌細胞や特定遺伝子の目印に光たんぱくを利用しています。これを可能にしているのが、微弱な光を集光させたり、遠距離の光送信を可能とする光学素子です。図1に種々の光学レンズを示します。図中の凹凸レンズなどの見慣れたものに加えて、微小なレンズを配列したアレイレンズ、回折格子を備えたメニスカスレンズ、夜間の物体認識のための赤外線用レンズなど、多種多様な光学素子が私たちの安全安心な社会・快適な生活を支えています。

　光学素子用のガラスは、要請される仕様に応じて様々な機能設計がなされていますが、第1に基本となるのが熱膨張係数です。金型材の多くは、超硬のようにガラスより低い膨張係数をもつため、図2a)に示すように、光学素子成形中に割れる危険があります。このような場合には、想定される成形温度範囲でガラ

デザイン工学が切り拓く社会と産業 4

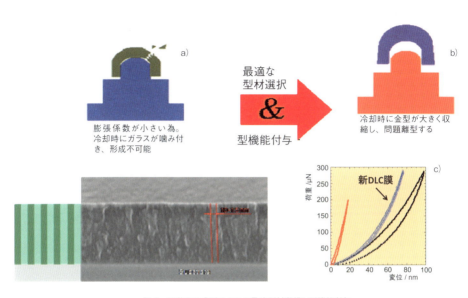

図2 工学素子成形のための最適型材選択と型機能付与

スの張収縮を妨げない型材選択と型機能付与（図2b）が不可欠です。特に、DOE（Diffractive Optical Element）のような回折機能をもたせた素子では、ガラス表面に微細な幾何形状パターンを転写する必要があるため、金型表面のコーティング膜に大きな弾性変形特性を付与し、ガラスの割れを防止し、ガラスと金型との間にミクロなレベルでも隙間をなくすことが求められます。図2c)にあるように、型表面に垂直に配列するDLC膜(Diamond Like Carbon)は、膜厚の10％近い可逆変形を示すため、ガラス素子成形中にガラスと型との不具合を吸収し、ガラス光学素子に求められる微細な表面機能を付与することができます。

　これからの照明装置やデバイスでは、LEDを封入したガラスも必要ですが、さきほどの割れの問題と高温でも硬いという性質で、通常の方法では成形できません。新しい型材開発や表面機能デザインで、様々な技術的困難を一つひとつ解決することによって、自在にLEDを利用した照明デザインもできるようになります。

◆ 推薦図書 ◆
「光学素子用成形型及びその製造方法」相澤龍彦、三津江金型　特許（2009）

4.3 エンジニアリングデザイン

Keyword 6 形をつくる積層造形

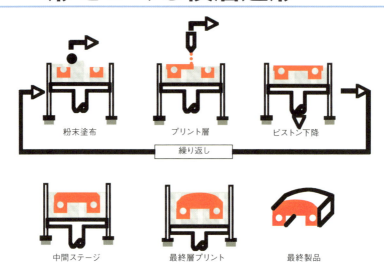

図1 インクジェットと石膏粉末を用いた積層造形の原理

　切削加工や放電加工はブロック形状の素材から不必要な部分を随時除去していく加工のため除去加工といわれています。これとは異なり、必要な部分を随時積み重ねていって形状をつくる積層造形という方法があります。これは主に試作品、モデルやこれを利用した金型や部品製作に用いられます。

　積層造形はRapid Prototyping (RP) と呼ばれ、その原理を図に示します。これは石膏の粉末をインクジェットで固める方式です。始めに実際に製作しようとする3次元形状のCADデータが必要になります。それを薄い層が順次積層させられたものとみなし、コンピュータ上である一定の厚みにスライスします。何らかの方法（多くの方法が市販されいます）によりこの薄い層を自動的につくって、それを随時重ねていくという技術です

　RPの方法には各種の方法が存在します。RPの長所はCADデータさえ準備できれば、一台の機械で自動的に最終形状をつくれる点です。短所としては、RPの方式ごとに材料に制約があり実際の製品とは異なった材料を使用することや表面に段差が生じ平滑化の手仕上げが必要であり、切削加工に比してやや形状精度が劣るといった点です。

　石膏粉末をインクジェットで固める積層造形方式で人工骨をつくることができ

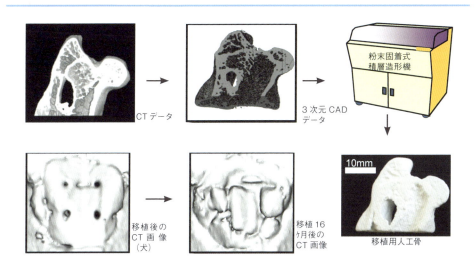

図2 積層造形で製作した人工骨と犬に移植されて自分の骨に変化する様子

ます。もちろん石膏はそのまま使用できませんから替わりにリン酸三カルシウム（$Ca_3(PO_4)_2$）という粉末を使います。製作の手順を図2に示します。始めCTスキャンによってデータを取ります。そのデータを3次元CADデータに変換します。そのデータを基に積層造形装置で骨の形状をつくるのです。最終的にはCTデータと同じ人工骨がつくられます。この方法を用いた際の大きなメリットは二つあります。一つは内部構造まで正確につくることができます。積層造形のメリットはどのような形状でもつくることができ、切削などの除去加工ではできません。もう一つのメリットは$Ca_3(PO_4)_2$が使えることです。$Ca_3(PO_4)_2$は、インクジェットで水系のバインダを塗布することで、水和反応によりハイドロキシアパタイト（$Ca_{10}(PO_4)_6OH_2$）になります。これは骨を形成している成分と同じです。したがって、数年経過すると人工骨は自身の骨に変化して見分けがつかなくなります。それを示したのが、下のCT画像の写真です。最初骨と人工骨の境界がはっきりしていますが、やがて境界がわからなくなっています。これは、骨をつくる細胞（骨芽細胞）が人工骨の中に住みついて、骨をつくり始めたことを意味します。このようにものづくりの技術であっても医療へそのまま応用できる技術もあります。

4.3 エンジニアリングデザイン

Keyword 7 軽くて強い CFRP

図1 CFRPで製作された乗用車ボディー

　CFRPという略語を最近よく耳にします。航空機や自動車に大量に使われるようになった材料です。CFRPはCarbon Fiber Reinforced Plasticの略で炭素繊維強化プラスチックのことです。プラスチックは我々の身の回りの多くの工業製品に使用されています。

　プラスチックは軽量で、さびにくく、成形しやすい材料なのですが、弾性率（強度）が低くて構造用材料としては適していません。そこで、弾性率の高い繊維と複合化させて軽くて強い材料にしたのが繊維強化複合材料です。CFRPはその中の一つです。

　一般にいわれるカーボンは炭素のことで、炭やカーボンブラック（すす：ゴムの架橋剤として多く使われます。自動車のタイヤが黒いのはそのせいで、40-50％も混合されます。コピー機で使用されるトナーもそうです。）も炭素からできています。グラファイト（黒鉛）やダイヤモンドも炭素からできています。カーボン、グラファイト、ダイヤモンドのそれぞれの特性の差は炭素原子の配列の違いによります。ランダムに炭素原子が配列しているのが炭素、層状に配列しているのがグラファイト、全ての原子が等方的に配列されているのがダイヤモンドです。

　カーボンファイバーは炭素繊維のことでロケット、航空機、F1パーツ、医療機器（X透過率良）のほかに低熱膨張係数、高振動減衰率などの特性を必要とする工業材料に使われています。

　カーボンファイバー（CF）は大別するとPAN系とピッチ系の2種類があります。

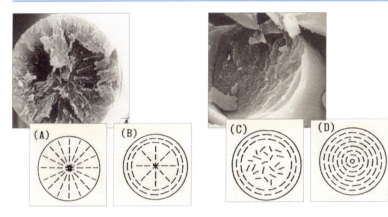

図2 カーボンファイバーの断面写真と典型的な種類

PANはPoly Aacrylo Nitrile の略でアクリル繊維を焼成したものです。ピッチはコールタールやナフサタールのような石油、石炭精製時に生成される残渣物から繊維をつくってそれを焼成したものです。CFの歴史は古く、エジソンが白熱灯をつくった際のフィラメントとして京都産の竹を焼いて用いたことは有名です。これはすぐにW線に置き換わりました。

　製品にするためには成形しなければなりません。以下のような方法があります。
●ハンドレイアップ：型の上に繊維でつくった形状を載せ、これを随時接着しながら積層する方法。
●SMCプレス法：あらかじめ繊維と樹脂を混合したシートを金型内で圧縮成形する方法。
●RTM法：繊維を敷き詰めた型内に樹脂を注入する方法。
●繊維に樹脂をコーティングした部材（プリプレグ）を大型の圧力容器内（オートクレーブ）内で焼き固める方法。
繊維強化プラスチックの利点と欠点は次のようなものが挙げられます。
利点
●金属材料よりも比強度が大きく、軽量化できる。
●保温性、●耐腐食性が高い、●補修が簡単。
欠点
●繊維とプラスチックの分離が難しいためリサイクルや廃棄が難しい。
●環境、ライフサイクルから見るとコストが高い。

自習のポイント

1 ホームロボットサービス

将来、あなたが受けたいホームロボットサービスの種類を、3種類挙げなさい。さらに、その3種類のサービスについて、それぞれサービスを実現する上で、(1) キーとなる技術、(2) 配慮すべき点（人道上、倫理上、プライバシー上、家庭の雰囲気を壊さないか等）、(3) 現時点で実現可能かどうか、実現が難しい場合にはその理由、(4) フェールセーフ（システムが故障したときにも、事故につながらない工夫）をどうするか、(5) 普及する上での課題、を答えよ。

2 ハードウェア・ソフトウェアコデザイン

ハードウェアとソフトウェアの特徴を列挙し、対比してみてください。例えば、実行速度などの性能、修正の容易性、コピーの容易性、製造コスト、汎用性などですが、他にもたくさんの観点が考えられます。それらの観点からハードとソフトがどのように違うのか考えてみてください。

3 RP

①ものづくりでは金型が使用されますが、金型を用いないものづくり事例を挙げてください。

CFRP

②自動車や航空機の部品を軽量化するにはどのような方法があるか、事例を挙げて説明してください。

4 光学素子

これからはLEDの時代です。中国でも街灯を全てLED化するプロジェクトがスタートしています。

日常生活に必要な「ひかり」をLED化するときに注意する点を三つ挙げ、その理由を説明してください。

5章 これからのデザインエンジニアに期待すること

　資源エネルギー消費型から知識集約型へと産業構造が転換を遂げる中で、「ものづくり」の世界も発想の転換を迫られています。いまや技術者にとっては、いいものをつくれば売れるという機能重視、生産重視のものづくりではなく、消費者である個々人の側により近づき、人の心を満足させることが重要視されています。

　人々の心を満足させる「ものづくり」のために、デザインエンジニアはどのような能力が必要か。私たちはそれを工学の知識と技術をベースに「意匠力」「構想力」「計画力」「設計力」といった「デザイン能力」であると考えています。

　これらの能力を大学だけでなく、企業に出かけて行うことで実践を通じて学び、「学問、技術を統合して、実現可能なあるべき解を見つけ出していく」、すなわち「デザイン」に優れた能力を身につけていくことを期待します。

5

Keyword 1 社会が求める技術者像

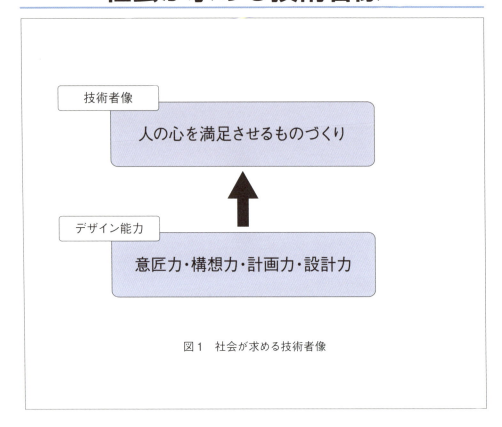

図1 社会が求める技術者像

　現代社会では多様化・複雑化・グローバル化が進んでいます。多様な価値観を背景とした現代社会では、意匠力、構想力、計画力、設計力といったデザイン能力に富み、「人」の心に響く魅力あふれるものづくりを志す人材が求められています。

　したがって、こうした現代社会の要請に応え、消費者・利用者の側からものづくりを見つめ、それを具体化な形に表現できるデザイン能力を備えた人材の育成が「デザイン工学の教育目標」です。

　いいものをつくれば売れるという考え方は、ともすれば機能重視、生産重視のものづくりに陥りがちです。現代のものづくりは、消費者である個々人の側に近づき、個々人が求めるもの（ニーズ）を、形状・機能を含めて、人の心を満足させるものであることが重要視されています。

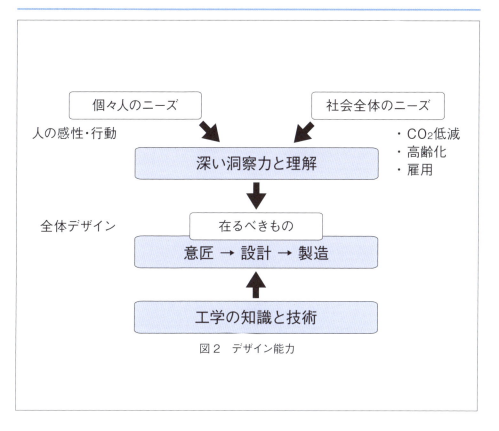

図2　デザイン能力

　しかし、一方で、そうした個々人の精神的な満足感のみならず、社会全体として取り組むべき課題としての地球環境問題の解決などの「サスティナビリティ」課題について配慮することが求められています。
　つまり、ものづくりにおいては、現在あるニーズを理解するとともに、将来において求められるものを洞察する必要があります。それは個々人の求めるものをベースとしつつも、社会全体が求めるニーズに応じた「在るべき」ものに対する深い洞察力と理解が不可欠になります。
　人の感性や行動を理解した上で、「在るべきもの」は何かを見出すことができる能力、さらに加えて工学の知識と技術をベースに狭い意味のデザイン、例えば意匠のみならず、設計段階および製造工程においても在るべき全体をデザインできる能力こそが時代の求める能力であり、技術者像であります。

5

Keyword 2 デザイン能力の育成

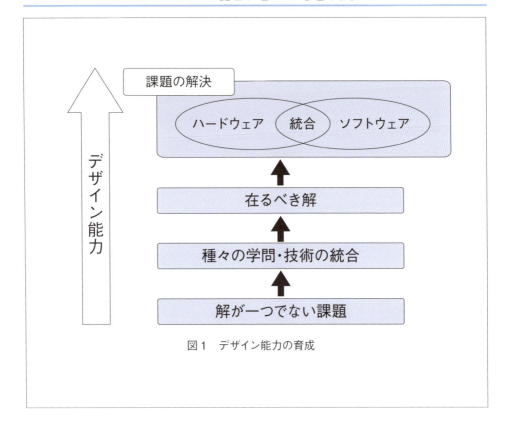

図1　デザイン能力の育成

　「デザイン」とは、「在るべきものを構築する」科学技術を包含するものであり、単なる設計図面制作だけでなく、「必ずしも解が一つでない課題に対して、種々の学問・技術を統合して、人と地球が求める実現可能な『在るべき解』を見つけ出していくこと」であると定義づけられます。そしてそれを可能にする能力が「デザイン能力」であります。デザイン能力の育成は、エンジニア教育を特徴づける最も重要なものであり、対象とする課題はハードウェアとソフトウェアおよび両方の統合した課題であります。

　このことは、社会において、都市空間、携帯電話、電気自動車など最新のデザインを実現する上で、種々の課題に対してデザイン能力をいかに発揮することが重要であるか、事例を踏まえて推察してみれば明らかなことです。

　具体的にいえば、建築・空間デザインでは、建築学という工学をベースに建築

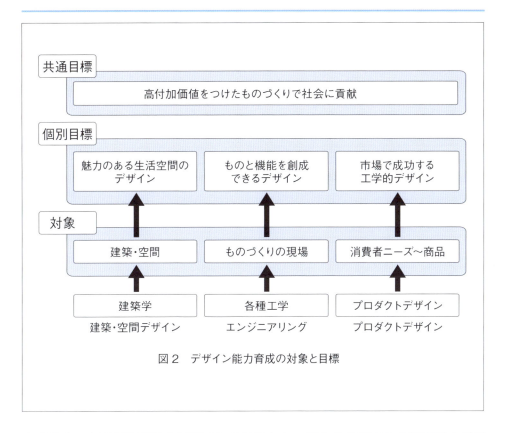

図2 デザイン能力育成の対象と目標

から都市へと広がる空間をデザインの対象とし、魅力ある都市の生活空間をデザインし、プロデュースする能力を養う必要があります。

また、メカトロニクス、組み込みソフトウェア、金型などの生産システムに関するエンジニアリングにおいては、「ものづくり」の現場で、問題を発見し解析し、その結果を多くの視点から総合して在るべき"もの"と"機能"を創成できる設計能力の習得を目指す必要があります。

そしてプロダクトデザインでは消費者の感性やニーズを具現化し、商品が市場で成功するための工学的デザインについて、その能力を身につけることです。

「デザイン工学」を学ぶ者は、これらの分野の一体的な能力の育成をとおして、社会が求める「在るべき姿を構築する設計科学技術」を身につけ、実際の社会で高付加価値をつけたものづくりに貢献する人材となることが期待されています。

5

Keyword 3 内部機能と外部機能の融合

　「サイコロの機能は何ですか？」と尋ねると、多くの人はそんなことを考えたこともないという顔つきをしながらも、ある人は「六つの目が均等に出る道具」と答え、ある人は「順番を決めるとか、賭をするときに使う道具」と答えます。実はこの二つの答えは、「機能」の字義から推察される典型的な答えであるとともに、二通りの答え方がある点が重要です。辞書によれば、機能とは「ある物事に特性として備わっている働き、あるいはそれが作用すること」とあります。つまり、前者の答えは、サイコロの特性として備わっている働きに着目した答えであり、後者は、サイコロの六つの目が均等に出る働きがどのように作用するかに着目した答えなのです。言い換えるならば前者は「そのもののできること」に着目した答えであり、後者は「そのものを使って行うこと」に着目した答えです。
　このように、機能の語には二つの視点がありますが、サイコロの機能という点ではどちらも欠くことはできません。そこで、「そのもののできること」を指す場合の機能を「内部機能」、「そのものを使って行うこと」を指す場合の機能を「外部機能」と呼ぶことにします。すなわち、デジカメとは、画像や動画を映し、

これからのデザインエンジニアに期待すること 5

機能＝内部機能＋外部機能

データで保存するという内部機能を用いて思い出を記録し、写真を友人に見せて自慢したり、説明したりするものです。自動車は人や物を運ぶ、移動するという内部機能を用いてドライブを楽しんだり、通勤に用いたりします。腕時計は、時間日付を知らせ、時間を計るという内部機能がありますが、装身具としておしゃれの道具でもあります。このように考えると、ものの機能は上式のように、内部機能と外部機能の和としてとらえることができます。

　こうして機能を内部と外部に分けてみると、外部機能とは、モノを開発するという観点からはユーザーの欲求、要求であり、それを物理的に実現させているのが内部機能であると読み取ることができます。サイコロはそれをどういう場面で使うかによって必要な内部機能は変わってきます。場合によっては六つも目はいらないでしょうし、目が六つでは足らない場合もあります。どういう場面で使うのか？　ユーザーが何を求めているのか？　に目をつむり、やみくもにサイコロの六つの目の出現確率の均等性を追い求めても無意味です。モノがモノとしてきちんと「機能」するには内部機能と外部機能が見事に連携していなければなりま

5

せん。

　内部機能および外部機能を成り立たせる様々な要素・要因の構成・仕組みをArchitectureと呼ぶとすると、内部機能のそれはInner Architecture、同様に外部機能の構成・仕組みはOuter Architectureと呼ぶことができます。Outer Architectureには、市場や生活におけるものの位置づけ、あるいは使いやすさとか、わかりやすさ、美しさなど人の感性的形式への対応も含まれます。

　さて、ものの開発では一般に、Inner Architectureの開発は技術者が行い、Outer Architectureの開発はデザイナーや商品企画担当者が担当しています。内部機能と外部機能の連携という点では技術とデザインの適切な協働は欠かせません。しかし、これまで技術とデザインは、少なくとも大学ではそれぞれ独立した領域として個別に教育されてきました。加えて、日本の産業界を取り巻く環境の変化は、技術者にデザインを、デザイナーに技術をじっくり体系的に習得させる社内教育の機会も失われてきました。その結果、技術とデザインが一体となって初めて生まれる魅力ある生活用品や公共物、環境などを創出する力が徐々に後退しつつあるように思えます。i-phoneが発売された翌日の新聞では、「技術で優れ

る日本企業がこれほど人々を熱狂させる製品をつくれないのはなぜだろう」と警鐘を鳴らしていました。「日本には技術シーズはあるが、それを使い手にとって魅力的にする工夫に欠けていた」とする論評を多く見かけます。しかしそれは顕在する技術シーズに適切な Outer Architecture を与えてこなかったためだと単純に理解すべきではありません。確かに内部機能に合わせた外部機能の開発も重要ですが、それと同時に、外部機能に合わせて内部機能を再構築あるいは再開発することも重要です。さらに重要なことは、外部機能を探索しつつ内部機能を開発するという「融合」の姿勢です。「デザインとは内部機能と外部機能を適切に融合させたものをつくり出すこと」なのです。その融合への努力が欠けていたのだと理解すべきでしょう。

　技術とデザインが融合せず、分離したままで協働したとしても、真に創造性豊かで、魅力的で、人間生活に役立つものをつくり出すことはできません。ただ、ここでいうデザインとは、デザイン作業の提供者としてのデザインではありません。確かにデザインはこれまで主として「形や表現をどうするか」の部分に関わってきましたが、ここでいうデザインとは「どのような商品・サービスを生み出したらいいか？」という、ものの外部機能を担当するデザインです。ときにはその延長線上に、「継続的な成長を遂げていくために企業全体をどう導いたらよいか」という経営方針への答えを出すことも求められている様なデザインです。こうした外部機能を担当するデザインと内部機能を担当する技術を融合させることのできる人材の育成……それがデザイン工学部の目指しているところです。

5

Keyword 4 **T形人材を目指す**

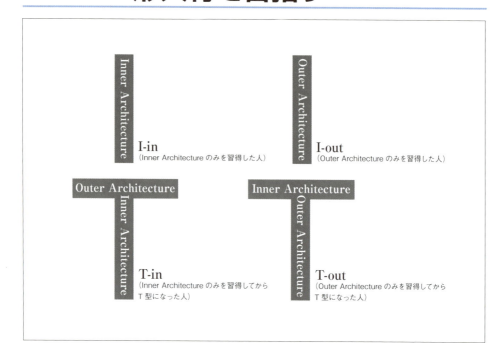

　ここで、Inner ArchitectureあるいはOuter Architectureのみを習得した人を、それぞれをインデペンデントに機能を考えるという意味でI型人材と呼び、Inner Architectureのみを習得した人をI-in、Outer Architectureのみを習得した人をI-outと呼ぶことにします。前述したように、内部機能と外部機能をいかに融合させるかが私たちの課題です。Inner ArchitectureとOuter Architectureを統合し、トータルに機能を考えられる人材をT型人材と呼ぶことにすると、デザイン工学部の学生が目指すべき人物像はT型人材です。T型のうち、先にInner Architectureを習得し、後からOuter Architectureを習得してT型になった人材をT-in、同様に、Outer Architectureを先に習得してからT型になった人材をT-outと呼ぶことにします。これは完全なT型になる前の状態で、先に習得したArchitectureをベースに機能をトータルに考える人材のことである。完全なT型になるのはなかなか難しく、時間もかかります。だとすれば、前段階であってもT-inあるいはT-outになることを目指さなければなりません。

　さて、T-inから見たOuter Architectureに関する知識、あるいはT-outから見た

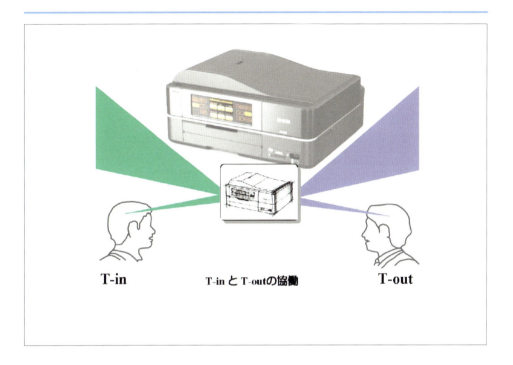

T-in　　T-in と T-outの協働　　T-out

Inner Architecture に関する知識は、純然たる I-in、I-out が有するものとは多少異なっても良いように思われます。それぞれの立場から見て必要な知識とは以下のとおりです。
① 「仕組みに関する知識」
①-1 問題の所在がどこにあるかを発見しうる固有の領域に関する体系的な知識
　　　①-2 アイディアを具現化するのに必要な知識
② 「事例に関する知識」
　　　②-1 デザインのプロトタイプに関する知識
　　　②-2 グッドプラクティスに関する知識

　例えT-in やT-out であっても、I-in と I-out が協働するよりは T-in と T-out の協働の方がずっと成功しやすいといえます。I-in と I-out の協働では、互いにそれぞれの案の意味するところが読めないので、案は等身大のまま、案が実現可能か否かの議論になってしまい、それ以上に発展することは難しくなります。ところがT-in とT-out の協働では、互いがそれぞれの案をパースペクティブに見ること

5

ができるため、案の持っている良さを自分の領域の中で最大限に拡大して解釈します。その結果、そのままでは欠点を抱えている案もどんどん良い方向へと転換します。完全なT型になるのは難しいとすると、皆さんは少なくともT-in あるいはT-out となるよう努力しなければなりません。

　T-in あるいはT-out となるための訓練は、座学もさることながら、スタジオワークが重要な役目を果たす。機能をトータルに考える素養も、それぞれの案をパースペクティブに見ることができる能力もスタジオワークで培われます。

　最後に、デザインの対象は「モノ」だけではなく、サービスにもおよぶということに触れておきたいと思います。例えば喫茶店でおいしくコーヒーを飲むためには、コーヒーカップやインテリアをデザインしているだけでは駄目で、どういうサービスをいかに提供するのか、あるいはサービススケープと呼ばれるサービスが提供されている場全体をデザインし、サービスそのものをデザインするつも

これからのデザインエンジニアに期待すること 5

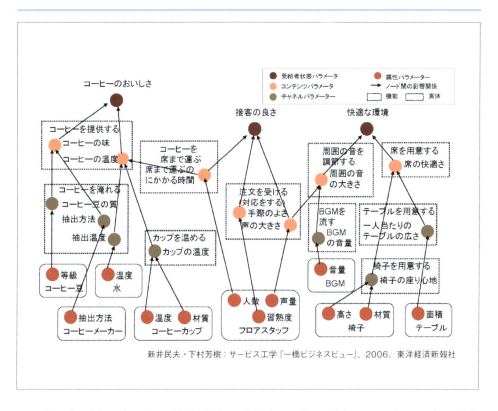

新井民夫・下村芳樹：サービス工学『一橋ビジネスレビュー』、2006、東洋経済新報社

りでなければなりません。携帯電話のデザインに取り組んでいるとしても、携帯電話にかかわるサービススケープ全体を視野に入れておかねばならないのです。図は喫茶店サービスにおける顧客の満足がどのような要因によって形成されているかをグラフで表したものです（新井民夫・下村芳樹: サービス工学、一橋ビジネスレビュー、2006）。赤い丸はサービスを支える物理的な要因である。おいしくコーヒーを飲むためには、まずコーヒーそのものがおいしくなければなりませんが、同時にコーヒーを席まで運ぶのに掛かる時間や注文を受ける手際の良さといった接客態度や快適な環境など様々な要因が影響していることを表しています。デザイン工学の最終的な目標は、こうしたサービスの構造をつくり上げ、その構造の改善と機器による新たな構造をつくり上げることです。皆さんとともにこれからのデザインのあり様を深く掘り下げていきたいと思っています。

5

Keyword 5 **デザインエンジニアの進路**

デザイン工学を学ぶ者は、社会が求める「あるべき姿を構築する設計科学技術」を身につける能力を育成する必要があります。このデザイン能力を培うためには、「産業界と密に連携を取るカリキュラムを構築し、実習、インターンシップ（企業における就業体験）など体験学習を通じて、社会と人にふれあい、人と地球にやさしいデザインを追及する実践教育の徹底」にあります。設計科学技術を重視して工学的素養を身につけ、同時に多方面の専門分野と協力・協働し、社会的・産業的な幅広い視点からのデザイン能力を身につけるために、建築・機械・材料・電気・情報・プロダクトデザインなどの工学に広く接し、人的ネットワークを拡充することが肝要です。

実践を通じて「デザイン能力」を身につけた学生は、社会および産業界での活躍が期待されます。具体的な進路については、各分野において以下の進路が想定されます。

建築・空間デザインを学ぶ学生は、建築設計事務所、総合建設業、住宅メーカなどの建築関係企業を始め、都市空間・建設コンサルタント、不動産業、デベロッパー、金融機関などでプロジェクトの企画開発やマネジメントにかかわる職業。建築・都市空間・まちづくり行政に携わる公務員。さらには、生活環境に関連の深い家具や家電メーカなどの進路が想定されます。

メカトロニクス・組み込みソフトウェアを学ぶ学生は、自動車・家電・ロボットなどのメーカーの開発部門・設計部門などの進路が想定されます。また、生産システムを学ぶ学生は、自動車・家電を始めとするあらゆるものづくりメーカ、コンサルティング、医療産業、情報関連企業、各種ベンチャー企業などの進路が予想されます。

プロダクトデザインを学ぶ学生は、製品の開発、製造、販売をするあらゆる企業（自動車、家電、設備機器、雑貨、家具、パッケージ、事務機器）の企画設計部門、デザイン部門、デザイン事務所、商社、流通、官公庁、教育機関などの進路を想定しています。

しかしながら、地球環境問題、高齢化、グローバル化など時代は大きく変わりつつあり、具体的な進路をいち早く決めて、その専門分野のみを学ぶことは、将来の可能性を自ら狭める危惧があります。

エンジニアが直面する問題は益々複雑になり、一つの技術、一つの手法のみで

これからのデザインエンジニアに期待すること　5

建築・空間デザイン	建築設計事務所、総合建設業、住宅メーカなどの建築関係企業。都市空間・建設コンサルタント、不動産業、デベロッパー、金融機関などでプロジェクトの企画開発やマネジメントに関わる職業。建築・都市空間・まちづくり行政に携わる公務員。生活環境に関連の深い家具や家電メーカ。
エンジニアリング	**メカトロニクス・組込みソフトウェア**…自動車・家電・ロボットなどのメーカーの研究開発部門・設計部門などの進路。 **生産システム**…自動車・家電を始めとするあらゆるものづくりメーカ、コンサルティング、医療産業、情報関連企業、各種ベンチャー企業など。
プロダクトデザイン	製品の開発、製造、販売をするあらゆる企業（自動車、家電、設備機器、雑貨、家具、パッケージ、事務機器）の企画設計部門、デザイン部門、デザイン事務所、商社、流通、官公庁、教育機関などの進路。

図1　デザインの進路

解決されることは多くありません。どの分野の進路を選ぼうとも、問題解決には的確な技術の選択や統合化が重要です。

　これから専門分野を学ぶ学生は、総合的な視点で設計科学や、語学を始めとする人文科学を広く学び、社会、産業、個人の生活および関心に対して敏感に適応できる、優れた思考力と迅速な行動力を有する能力を育成し、適切な進路を選択することが大切です。

209

おわりに

芝浦工業大学　デザイン工学部　初代学部長　岡本史紀

　芝浦工業大学は、大学伝統の地である芝浦キャンパスにデザイン工学部を2009年度に開設し、工学と人間の感性および社会との調和・融合を図り、創造的なものづくり能力を素養にもつ、実践的な人材の育成を目指します。

　21世紀の社会と産業は、幅広い工学の素養や技術をバックグラウンドに持ち、同時に人の感性に応えるものづくりができる人材、つまり、コンセプトが明確になっていない段階からアイディアを生み出し、リーダーシップをもって個々の要求を整理・統合化し、ものづくりができる能力が必要とされます。個々にこのデザイン能力を高める上で、芝浦という都心立地を最大限活用し、「社会および産業界と密に連携を取ったインターンシップなどの体験学習」を通じてデザインを追求する実践教育を徹底します。

　また、デザイン能力醸成を特徴とするデザイン工学部は次のような人物像を求めています。

　　①十分な基礎学力に加えて、21世紀における社会と産業が求める
　　　技術者を目指す者
　　②創造的な発想と、問題発見・解決能力、そして総合的な視野に立ち
　　　自律的に思考できる素養を持つ者
　　③多彩な才能と可能性を秘め、社会、産業、個人の生活・関心の変化
　　　に対して敏感に適応できる者

　ひとことでいえば、十分な基礎学力に加えて、21世紀の社会が求める技術者像に憧れを持った学生を迎え、教員とともに一緒に社会の諸相について学習していきたいと思っています。

　本書を読んで、皆様のデザイン工学に対する興味がより湧いてくることを祈念いたします。

図・写真出典一覧

図・写真出典一覧

1-2 建築・空間デザインの歴史と近代化

1-2 扉 図1 「ラ・トゥーレット修道院」 撮影：田口博之

1-2-1 図1 「高床式倉庫」 撮影：前田英寿

1-2-1 図2 「法隆寺」 撮影：前田英寿

1-2-1 図3 「数寄屋造り」 撮影：前田英寿

1-2-1 図4 「農家」 撮影：前田英寿

1-2-1 図5 「平城京」 日本建築学会『日本建築史図集』彰国社、p30

1-2-1 図6 「城郭と城下町」 日本建築学会『都市史図集』彰国社、p9

1-2-1 図7 「中庭型の集落」 都市デザイン研究体『日本の都市空間』彰国社、p103、1968

1-2-1 図8 「合掌造りの集落」 撮影：前田英寿

1-2-2 図1 「アクロポリス」 撮影：関谷進吾

1-2-2 図2 「パンテオン」 撮影：松尾真子

1-2-2 図3 「ゴチック様式の聖堂」 撮影：田口博之

1-2-2 図4 「ルネサンス様式の聖堂」 撮影：田口博之

1-2-2 図5 「中世の山岳都市」 撮影：前田英寿

1-2-2 図6 「中世の都市広場」 撮影：田口博之

1-2-2 図7 「ルネサンス様式の中庭」 撮影：前田英寿

1-2-2 図8 「バロック様式の広場」 撮影：松尾真子

1-2-3 図1 「最初のカーテンウォール」 撮影：前田英寿

1-2-3 図2 「サグラダ・ファミリア聖堂」 撮影：上田恵利

1-2-3 図3 「アーツ&クラフツの例」 図説世界建築史第 15 巻『近代建築1』本の友社、口絵Ⅲ、2002

1-2-3 図4 「セセッションの例」 撮影：松尾真子

1-2-3 図5 「デ・ステイルの例」 『建築の 20 世紀　終わりから始まりへ』デルファイ研究所、p49、1998

1-2-3 図6 「バルセロナ万博ドイツ館」 撮影：松尾真子

1-2-3 図7 「モリス商会」 撮影：前田英寿

1-2-3 図8 「ロンシャン礼拝堂」 撮影：田口博之

1-2-4 図1 「南北の公園を結ぶ街路と沿道整備」 レオナルド. ベネーボロ『図説　都市の世界史4』相模書房、p13、1983

1-2-4 図2 「広場を大通りで結ぶ計画」 レオナルド. ベネーボロ『図説　都市の世界史4』相模書房、p63、1983

1-2-4 図3 「シャンゼリゼ大通り」 撮影：江口久美

1-2-4 図4 「リージェント街」 撮影：前田英寿

1-2-4 図5 「田園都市の模式図」 E. ハワード　日笠端『都市計画』共立出版、p12

1-2-4 図6 「エメラルドネックレス」 A. ファイン『アメリカの都市と自然　オルムステッドによるアメリカの環境計画』井上書院、p99

1-2-4 図7 「ウェルウィン田園都市」 撮影：田中暁子

1-2-4 図8 「マンハッタンとセントラルパーク」(C) Google

1-2-5 図1 「日比谷官庁街計画案」 エンデ・ベックマン　東京都『東京の都市計画百年』p11、1989

1-2-5 図2 「銀座煉瓦街」 模型：江戸東京博物館　撮影：前田英寿

1-2-5 図3 「一丁倫敦」 撮影：前田英寿

1-2-5 図4 「司法省」 撮影：前田英寿

1-2-5 図5 「震災復興による区画整理」 東京都『東京の都市計画百年』p27、1989

1-2-5 図6 「復興小学校」 撮影：前田英寿

1-2-5 図7 「明治神宮と外苑」 石川幹子『都市と緑地』岩波書店、p220、2001

1-2-5 図8 「東京緑地計画におけるグリーンベルト」 石川幹子『都市と緑地』岩波書店、p252　2001

1-2-6 図1 「擬洋風建築」 撮影：前田英寿

1-2-6 図2 「富裕層の洋館」 撮影：前田英寿

1-2-6　図3　「東京駅」　撮影：前田英寿

1-2-6　図4　「築地本願寺」　撮影：前田英寿

1-2-6　図5　「西洋古典様式の修得」　撮影：前田英寿

1-2-6　図6　「機能性の表出」　撮影：前田英寿

1-2-6　図7　「自由学園明日館」　撮影：前田英寿

1-2-6　図8　「RC造アパートの登場」　撮影：前田英寿

1-2-7　図1　「戦災復興の街路整備」　撮影：前田英寿

1-2-7　図2　「戦後初期の公共建築」　撮影：前田英寿

1-2-7　図3　「集合住宅団地」　撮影：前田英寿

1-2-7　図4　「新宿副都心の超高層街」　撮影：前田英寿

1-2-7　図5　「国立代々木体育館」　撮影：前田英寿

1-2-7　図6　「東京計画1960における海上都市構想」　丹下健三『建築と都市』彰国社、巻末写真②、1970
　　　　　　　撮影：川澄明男

1-2-7　図7　「金刀比羅宮の空間構成」　都市デザイン研究体『日本の都市空間』彰国社、p114、1968

1-2-7　図8　「代官山ヒルサイドテラス」　The Japan Architect16『槇文彦』新建築社、p277、1994　（C）
　　　　　　　槇綜合計画事務所

1-2-8　図1　「伝統的街並の保存」　撮影：前田英寿

1-2-8　図2　「景観条例による風景の保全」　撮影：菊地原徹郎

1-2-8　図3　「中世の城壁の転用」　撮影：田口博之

1-2-8　図4　「伝統的意匠の継承」　撮影：前田英寿

1-2-8　図5　「路地のある集合住宅」　撮影：前田英寿

1-2-8　図6　「都市に暮らす住宅」　撮影：前田英寿

1-2-8　図7　「ハイテク様式」　撮影：田口博之

1-2-8　図8　「古典建築の引用」　撮影：前田英寿

1-3　プロダクトデザインの歴史と近代化

1-3-3　図3　「AEG扇風機」　撮影：平野聖

1-3-4　図3　「ラジオ・レコードプレーヤー」　提供協力：オー・デザインコレクション　大縄茂

1-3-4　図4　「ブラウン・シェーバー」　提供協力：オー・デザインコレクション　大縄茂

1-3-6　図2　「キヤノンIXYデジタル」　提供協力：オー・デザインコレクション　大縄茂

1-3-6　図3　「トランジスタラジオ」　提供協力：オー・デザインコレクション　大縄茂

1-3-6　図4　「トランジスタテレビ」　提供協力：オー・デザインコレクション　大縄茂

1-3-6　図5　「小型道具セット」　提供協力：オー・デザインコレクション　大縄茂

2-1　現代の建築・空間デザイン

2-1 扉　図1「越後松之山「森の学校」キョロロ」『JA』新建築社、65号手塚貴晴＋手塚由比 /
　　　　　手塚建築研究所　撮影：新建築社写真部

2-1 扉　図2　「MIKIMOTO Ginza 2」『新建築』新建築社、2006年1月号　（C）伊東豊雄建築設計事務所、
　　　　　　　大成建設　撮影：新建築社写真部

2-1 扉　図3　「高過庵」『JA』新建築社、65号　藤森照信　撮影：新建築社写真部

2-1-1　図1　「ウィトールウィウスによる人体比例図」

2-1-1　図2　「モデュロール」『SD選書モデュロール』鹿島出版会

2-1-1　図3　「横浜大桟橋国際旅客ターミナル」『新建築』新建築社、2002年6月号
　　　　　　　撮影：新建築社写真部

2-1-1　図4　「横浜大桟橋国際旅客ターミナル」　撮影：谷口大造

2-1-1　図5　「ふじようちえん」　撮影：木田勝久（FOTOTECA社）

2-1-1　図6　「ふじようちえん」　撮影：手塚建築研究所

2-1-2　図1　「ニュートン記念堂」（Wikipedia）

2-1-2　図2　「関西国際空港」『新建築』新建築社、1994年8月号　撮影：新建築社写真部

2-1-2　図3　「木材会館のBIMによる設計と生産プロセス」（C）日建建設

2-1-2　図4　「木材会館の継ぎ手加工による木材梁の検討」（C）日建建設

2-1-3　図1　「富弘美術館」『新建築』2005 年 4 月号　ヨコミゾマコト

2-1-3　図2　「富弘美術館平面図」『新建築』2005 年 4 月号　ヨコミゾマコト

2-1-3　図3　「青森県立美術館断面スタディ」『JA』新建築社、67 号

2-1-3　図4　「青森県立美術館」『JA』新建築社、67 号　撮影：新建築社写真部

2-1-4　図1　「せんだいメディアテーク」『新建築』2001 年 3 月号　（C）伊東豊雄建築設計事務所
　　　　　　　撮影：新建築社写真部

2-1-4　図2　「佐々木睦朗による構造解析」『FLUX STRUCTURE』TOTO 出版

2-1-4　図3　「EPFL ラーニングセンタ」『FLUX STRUCTURE』TOTO 出版　（C）SANAA

2-1-5　図1　「秋野不矩美術館」『JA』新建築社、65 号　藤森照信　撮影：新建築社写真部

2-1-5　図2　「積層の家」『JA』新建築社、65 号　日建建設　撮影：新建築社写真部

2-1-5　図3　「セルフリッジズ百貨店」（C）フューチャーシステム

2-1-5　図4　「カーテンウォールの家」（C）坂茂建築設計　撮影：平井広行

2-1-6　図1　「犬島アートプロジェクト精錬所景観」『JA』新建築社、71 号（C）三分一建築設計事務所
　　　　　　　撮影：新建築社写真部

2-1-6　図2　「犬島アートプロジェクト精錬所」『JA』新建築社、71 号　（C）三分一建築設計事務所
　　　　　　　撮影：新建築社写真部

2-1-6　図3　「モエレ沼公園」『JA』新建築社、65 号　撮影：新建築社写真部

2-2　現代のプロダクトデザイン

2-2-1　図3　「アニマルラバーバンド」撮影：水川敏治

2-2-5　図1　「家具調ステレオ『飛鳥』」提供協力：オー・デザインコレクション　大縄茂

2-2-5　図2　「ソニー『ウォークマン』1 号機」提供協力：オー・デザインコレクション　大縄茂

2-2-6　図1　「Apple DynaMac」提供協力：オー・デザインコレクション　大縄茂

2-2-6　図2　「任天堂ファミコン」提供協力：オー・デザインコレクション　大縄茂

4-1　建築・空間デザイン

4-1 扉　　　「イギリスにおけるコンパクトシティ」撮影：桑田仁

4-1-1　図1　「アーバンビレッジ」撮影：桑田仁

4-1-1　図2　「イギリスにおけるコンパクトシティの提案」海道清信『コンパクトシティ』学芸出版社、p.184、
　　　　　　　2001

4-1-1　図3　「アメリカにおけるニューアーバニズムの提案」倉田直道他訳『次世代のアメリカの都市づくり』
　　　　　　　学芸出版社、p.68、2004

4-1-1　図4　「ニューアーバニズム」『houses』GA、27 号 p.113

4-1-1　図5　「アーバンビレッジ」撮影：桑田仁

4-1-1　図6　「富山市の LRT」富山ライトレール記念誌編集委員会『富山ライトレールの誕生』鹿島出版会、
　　　　　　　表紙写真、2007　撮影：富澤敏晴写真事務所

4-1-2　図1　「アルゴリズミック・デザインとは」日本建築学会編『アルゴリズミック・デザイン』、鹿島出版会、
　　　　　　　p.12、2009

4-1-2　図2　「3 次元 CAD によるデザイン」©FP= 時事

4-1-2　図3　「ウェブフレームの生成アルゴリズム（飯田橋駅）」日本建築学会編『アルゴリズミック・デザイン』、
　　　　　　　鹿島出版会、p.29、2009

4-1-2　図4　「大江戸線飯田橋駅」撮影：MAKOTO SEI WATANABE / ARCHITECT'S OFFICE

4-1-2　図5　「北京オリンピックプールのコンセプト」『A+U』2008.7 p.131（C）Arup+PTW+CCDI

4-1-2　図6　「北京オリンピックプール」『A+U』2008.7 p.122-123（C）Arup+PTW+CCDI
　　　　　　　撮影：新建築社写真部

4-1-3　図1　「専用レーンを走るバス」撮影：桑田仁

4-1-3　図2　「チューブ型バス停留所」撮影：桑田仁

4-1-3　図3「LRT と駅（ストラスブール）」『世界の LRT』JTB パブリッシング、p.29、2008
　　　　　撮影：三浦幹男
4-1-3　図4「LRT（ストラスブール）」『世界の LRT』JTB パブリッシング、2008、p.31　撮影：三浦幹男
4-1-3　図5「ヴェリブ（パリ）」（C）オフィス・ギア
4-1-3　図6「ヴェリブのステーション（パリ）」（C）オフィス・ギア
4-1-4　図1「石見銀山の町並み」撮影：北田英治
4-1-4　図2「石見銀山」撮影：北田英治
4-1-4　図3「近江八幡1」『季刊まちづくり11』学芸出版社、2006.7、p.17
4-1-4　図4「近江八幡2」『季刊まちづくり11』学芸出版社、2006.7、p.17
4-1-4　図5「京都における眺望景観の保全」
　　　　　京都市 HP：http://www.city.kyoto.lg.jp/tokei/page/0000041225.html
4-1-4　図6「京都における眺望景観の保全（断面図）」『季刊まちづくり16』学芸出版社、2007、p.104
4-1-5　図1「アクロス福岡」　Photo created by Pontafon
4-1-5　図2「糸満市庁舎」撮影：篠崎道彦
4-1-5　図3「EDITT タワー」　Ken Yeang, Eco Skyscrapers”, Ivor Richards (Editor), images Pubilishing
4-1-5　図4「世田谷区深沢環境共生住宅」撮影：篠崎道彦
4-1-5　図5「アメルスフォート・住宅地区」撮影：篠崎道彦
4-1-6　図1「ビルバオ・グッゲンハイム美術館」　Photograph taken by User:MykReeve on 14 January,
　　　　　2005. {{GFDL}})
4-1-6　図2「三菱1号館」撮影：篠崎道彦
4-1-6　図3「ソニーセンター」撮影：篠崎道彦
4-1-6　図4「高松丸亀町商店街」撮影：篠崎道彦
4-1-6　図5「シャッターが下りた地方都市の商店街」撮影：篠崎道彦
4-1-7　図1「ガソメータ」撮影：篠崎道彦
4-1-7　図2「テート・モダン」撮影：斉藤圭
4-1-7　図3「日土小学校」『新建築』新建築社、2009年11月号　撮影：新建築社写真部
4-1-7　図4「国際子ども図書館」撮影：篠崎道彦
4-1-7　図5「TBWA＼HAKUHODO」　クライン ダイサム　撮影：高山幸三／Kozo Takayama
　　　　　その他、フリー百科事典ウィキペディア

INDEX

索引

INDEX

【ア】

アーツ＆クラフツ	28
アーバンビレッジ	152
アール・ヌーヴォ	28
アイデアスケッチ	17
アクチュエータ	112
アフォーダンス	60
アルゴリズミック・デザイン※	154
意匠出願	75
イタリア未来派	29
一丁倫敦	32
インテリアデザイン	12
エクステリアデザイン	12
エンジニアリングデザイン	91.179
エンドミル	140
オブジェクト指向	125
お雇い技師	34

【カ】

カーボンファイバー	192
課題設定能力	11
型彫り放電加工	142
価値観の多様化	21
金型※	128
金型材料	133
環境建築※	160
関東大震災	32
機能・構造設計	16
擬洋風	34
ギリシア・ローマ文明（関連）	26

銀座煉瓦街	32
近代化産業遺産	70
近代建築※	28
近代都市計画※	30
近隣住区論	31
空間図式※	64
組込みシステム	96.110.182
組み込みソフトウエアデザイン	13
グラフィックデザイン	13
景観法	70
景観保全	158
携帯電話	20.85.96.97.98.100.179
ゲージ	138
建築計画	65
建築デザイン	12
建築のライフサイクル	161
光学素子※	188
構造エンジニア	66
構造デザイン	66
高度成長※	36
ゴチック様式	27
コントローラ	95.118.146
コンバージョン	164
コンパイラ	124
コンパクトシティ※	152
コンピュータ	100.110.111.124.184.185

【サ】

サービス	100.101.102.120.121123.180.181.185
サスティナブル	160
産業用ロボット	101.146147

218

市街地建築物法	32
市区改正	32
市場調査	16
自転車交通	157
自動搬送車	146
絞り	131
シミュレーション	62
射出成形	132
射出成形金型※	129．132
書院造り	25
省エネ法	161
商品開発	16
商品企画	16
商品仕様	16
職人	43
人工骨	191
寝殿造り	25
制御	109．116．117．119
成形プロセスシミュレーション	136
生産設計	17
性能仕様表	19
積層造形※	190
セセッション	28
設計技術	107
切削加工※	140
センサ	114．115．181
戦災復興※	36
組織図	18
塑性加工	131
ソフトウェア	102．119．122．123．182．183

【タ】

高さ規制	159
丹下健三	36
地方都市	163
超硬合金	142
眺望景観	159
定性調査	18
定量調査	18
デザイン	9
デザイン企画	16
デザイン行為	10
デザイン工学	14
デザインコンセプト	19
デザイン専門分野	12
デ・ステイル	29
田園都市	31
電気自動車	128
伝統工芸品	43
伝統的建造物群保存地区	38．158
ドイツ工作連盟	29
東京五輪	37
同潤会	35
都市計画法	32
都市国家	26
都市再生※	162
都市デザイン	12．38
特許出願	75
トリム	131

※ keywordと重複する用語

INDEX

【ナ】

ナノCMM	139
ニューアーバニズム	152
ニュータウン	36
人間中心設計	10
ネットワーク	185

【ハ】

ハードウェア	182
ハードウェア・ソフトウェアコデザイン	182. 183
ハイブリッドカー	128
パタンランゲージ	39
パッケージデザイン	12
バロック様式	27
ハンドレイアップ	193
販売後調査	17
販売施策	17
ビザンチン様式	26
表現主義	29
表面粗さ	138
プログラム	111
ファッションデザイン	12
フランク・ロイド・ライト	29
ブレーンストーミング	19
プレス金型※	129. 130
プログラミング	124. 125
プロセス	16
プロダクトデザイン	12. 47
プロトタイプ	17
文化的景観	158

平安京 … マ

平安京	25
平城京	25
ボイスオブカスタマー	18
放電加工※	142
法隆寺	24
拇指対向性	42
ポストモダニズム※	38
ホモサピエンス	42
ホモ・ファーベル	42

【マ】

マーケットイン	18
マイクロコンピュータ	110. 111
曲げ	131
マズローの欲求五段階説	20
まちづくり協議会	38
町家	25
マシニングセンタ	140
マニピュレータ	146
ミース・ファン・デル・ローエ	29
メカトロニクス	108. 109
メカトロニクスデザイン	13
モーションコントロール	116. 117
モータ	112. 113
目標ツリー法	19
モデュロール	60
モデリング	116. 122. 123
モデル	116. 122. 123
モビリティ※	156

索引

【ヤ】

ユーザーインターフェース	97.184
ユーザーシナリオ法	19
ユニバーサルデザイン	61
ユビキタスコンピューティング	184.185
容積率制	37
四大河川文明	26

【ラ】

ランドスケープデザイナー	71
リチウム電池※	186
リノベーション※	164
ル・コルビュジエ	29
ルネサンス	27
連想的発想法	19
ロシア構成主義	29
ロボット	92.93.94.117.118.122.144.
	146.147180.181
ロマネスク様式	27

【ワ】

ワイヤーカット放電加工	143

【英・数字】

BIM	63
CAD※	62.129.134.154
CAE※	136.137
CAM※	129.134
CASBEE	161
CAT	129
CFRP※	192
CG	62
CPU	98.110.111
C言語	125
DLC	189
DOE	189
DVD	96
IT機器	96.97.98
JAVA	125
LRT	153.156
NC	129.135
RP	190
RTM法	193
CMCプレス法	193
UML	123.125
Webデザイン	13
5W2H	18

※ keywordと重複する用語

デザイン工学の世界

芝浦工業大学 デザイン工学部編

工学リベラルアーツ教育用教科書

著作権所有　文部科学省

編　者	柘植綾夫
著　者	相澤龍彦　　安齋正博　　安藤吉伸
	岡本史紀　　釜池光夫　　桑田　仁
	古宮誠一　　篠崎道彦　　島田　明
	杉山和雄　　高中公男　　谷口大造
	戸澤幸一　　橋田規子　　前田英寿
	増成和敏　　松浦佐江子　　山崎憲一
	(50音順)
編集協力	株式会社エスアイテック
発行者	小林謙一
発行所	三樹書房

〒101-0051
東京千代田区神田神保町1-30
TEL 03(3295)5398　FAX 03(3291)4418

印刷・製本　シナノパブリッシングプレス

※本著書は「平成21年度文部科学省先導的大学改革推進委託事業」
により作成したものである。

© Ministry of Education, Culture, Sports, Science and Technology／
SHIBAURA INSTITUTE OF TECHNOLOGY／
MIKIPRESS 三樹書房 2011

Printed in Japan